半小时教你学会
PPT

案例视频教学版 精英资讯◎编著

中国水利水电出版社
www.waterpub.com.cn
·北京·

内容提要

PPT 注重清晰的结构与明确的观点，进行适当地美化也是保障信息高效传递的重中之重。

《半小时教你学会 PPT（案例视频教学版）》以创建优秀的 PPT 为方向，从创建 PPT 的正确思维入手进行章节规划，分别介绍了 PPT 的结构性思维、整体性思维、可视化思维，幻灯片整体性元素的处理方法及幻灯片的可视化排版技术，图片与图形的处理技巧，表格与图表的设计技巧，以及如何使用音频和动画增强感染力、如何进行 PPT 的多样化输出等内容。

本书对关键知识点和实例操作配备了视频讲解，以便零基础的读者也能够轻松入门。另外，本书提供全书的 PPT 源文件，读者可以边学边操作源文件，对比学习；本书的源文件还可以直接套用，帮助读者轻松掌握 PPT 的操作技能。

本书适合使用 PPT 进行培训讲学、通过 PPT 呈现工作结果、使用 PPT 进行总结汇报的职场人员，也适合即将进入职场的学生和想快速掌握 PPT 制作技巧的各类人员学习，以帮助他们制作出具有说服力、有竞争力的优秀 PPT。

图书在版编目（CIP）数据

半小时教你学会 PPT：案例视频教学版 / 精英资讯编著 . -- 北京：中国水利水电出版社，2024.1
ISBN 978-7-5226-1726-8

Ⅰ.①半… Ⅱ.①精… Ⅲ.①图形软件 Ⅳ.
① TP391.412

中国国家版本馆 CIP 数据核字（2023）第 142395 号

书　　名	半小时教你学会 PPT（案例视频教学版） BAN XIAOSHI JIAO NI XUEHUI PPT
作　　者	精英资讯　编著
出版发行	中国水利水电出版社 （北京市海淀区玉渊潭南路 1 号 D 座　100038） 网址：www.waterpub.com.cn E-mail：zhiboshangshu@163.com 电话：（010）62572966-2205/2266/2201（营销中心）
经　　售	北京科水图书销售有限公司 电话：（010）68545874、63202643 全国各地新华书店和相关出版物销售网点
排　　版	北京智博尚书文化传媒有限公司
印　　刷	北京富博印刷有限公司
规　　格	148mm×210mm　32 开本　8.5 印张　261 千字
版　　次	2024 年 1 月第 1 版　　2024 年 1 月第 1 次印刷
印　　数	0001—3000 册
定　　价	69.80 元

前　言

Preface

PPT 可分为两类：工作型 PPT 和娱乐型 PPT。工作型 PPT 被应用于很多场合，如企业宣传、总结报告、项目讲演、培训课件、竞聘演说等。

娱乐型 PPT 只要求画面精美、内容新颖。

工作型 PPT 不能单纯地追求视觉上的美观，更需要注重其是否能更好地解决问题，即要以实用为主。一份合格的工作型 PPT，按重要程度依次要做到以下几点要求。

- √　逻辑清晰。
- √　观点鲜明。
- √　言之有理。
- √　便于阅读。
- √　图文并茂。
- √　整洁美观。
- √　细节完美。

因为 PPT 能通过用逻辑性的思维和可视化的图片图形展现主体内在的思维过程，从而达到更易于理解与传达信息的目的，所以在工作中需要用 PPT 的地方很多，如为完成领导分配的任务而创建 PPT，或为出色完成工作进而表现自我自发创建 PPT，已使得 PPT 逐渐成为工作中不可或缺的部分。

本书从设计优秀 PPT 的几种思维入手，为读者厘清 PPT 设计的完整思路，并给出了完善的设计方案。

本书有以下几点优势。

- √　将 PPT 的结构性思维、整体性思维和可视化思维非常清晰地展现出来，让读者对制作 PPT 有正确的观念。
- √　内容包含框架搭建、统一元素布局、可视化排版。
- √　包含文字、图片、图形、图表、表格这些元素的排版，并给出正确的应用和设计思路。
- √　在 PPT 设计上，每张配图都做到有思路、有效果。
- √　理论结合实际操作，呈现多种效果的同时，给予读者中肯的建议。
- √　选用美化方案都很实用。

本书资源列表及获取方式

（1）本书配套资源包括同步教学视频、PPT 教学源文件。

（2）本书赠送拓展的学习资源包括 PPT 经典图形、流程图、PPT 模板、PPT 元素素材和 PPT 基础教学视频。

（3）以上资源的获取及联系方式：

① 读者可以扫描左侧的二维码，或在微信公众号中搜索"办公那点事儿"，关注后发送 PPT17268 到公众号后台，获取本书资源下载链接。将该链接复制到计算机浏览器的地址栏中（一定要复制到计算机浏览器的地址栏，在电脑端下载，手机不能下载，也不能在线解压，没有解压密码），根据提示进行下载。

② 加入本书 QQ 交流群 712370111（若群满，会创建新群，请注意加群时的提示，并根据提示加入对应的群），读者间可互相交流学习，作者也会不定期在线答疑解惑。

作者简介

本书由精英资讯组织编写。精英资讯是一个 Excel 技术研讨、项目管理、培训咨询和图书创作的办公协作联盟，其成员多为长期从事行政管理、人力资源管理、财务管理、营销管理、市场分析及 Office 相关培训的工作者，其创作的办公类图书因实例丰富、注重实践、简单易学而深受广大读者的喜爱。

致谢

本书能够顺利出版，是作者、编辑和所有审校人员共同努力的结果，在此表示深深地感谢。如有疏漏之处，还望读者不吝赐教。

目 录

Contents

第 1 章

PPT 的结构

明确 PPT 的类型，
确定 PPT 的主题，
整理 PPT 的结构，
都是着手设计一篇 PPT 演示文稿的首要工作。

1.1 PPT 的特点

1.1.1 PPT 的几个必备特点

扫一扫，看视频

PPT 可以应用于很多场合，如会议报告、企业宣传、培训课件、竞聘演说、婚庆礼仪等。对于众多 PPT，可以将其大致分为两类：工作型 PPT 和娱乐型 PPT。工作型 PPT 所占比例是非常大的，在图 1-1 中显示

PPT 类型	选择人数 / 人	所占比例 / %
工作汇报	72	36.0
企业（产品）介绍	58	29.0
演讲	32	16.0
课件	21	10.0
竞聘	12	6.0
其他	5	2.5

图 1-1

的是对 200 个人进行问卷调查的结果，显然很多的时候制作的 PPT 都是工作型 PPT。

娱乐型 PPT 可随意设计，只要画面够精美、内容够新颖都是出彩的。

工作型 PPT 则是目标导向，清晰的结构与明确的观点比华丽的视觉效果更为重要，在制作时要以效用为主，可以将画面制作得十分精美，也可以添加创意元素。

图 1-2

一个好的工作型 PPT 需要具备的几个特质如图 1-2 所示。

对于如何让逻辑保持清晰，观点足够直观明确，阅读起来轻松且易于接受以及外观上整洁美观，则是本书的宗旨。

1.1.2 工作型 PPT 需要有明确的目标

扫一扫，看视频

制作工作型 PPT 需要有明确的目标，如以下几点。

（1）PPT 做给谁看？

（2）PPT 需要展现什么信息？

（3）PPT 演示之后所期望的效果是什么？

通过分析 PPT 的演示目的和演示对象，大致可将工作型 PPT 分为说服类 PPT 和培训类 PPT 两种类型，见表 1-1。

表 1-1

标题	说服类 PPT	培训类 PPT
演示目的	影响听众思想，使听众接受、支持某个观点、促使听众行动	向听众传递信息、传授知识，解释、说明复杂信息
听众接受度	被动灌输，听众戒备心理强接受度较低	多为主动充电，听众大多具有空杯心态接受度高
演示时间	相对紧张	相对宽裕
沟通要点	简明扼要	系统全面，构架完整
设计要求	论点设计应突出，用图表说话	内容详细，文字略多也可
案例	企业介绍、方案策划、毕业答辩、岗位竞聘报告	团队管理、人力资源培训、时间管理技能、销售技巧等

根据表 1-1 中的分析，大致可以了解针对不同目的和对象的 PPT 在主题选用、排版方式、内容编排上怎样安排才是合理的。

1.2　厘清 PPT 结构

1.2.1　实用结构——总—分—总

扫一扫，看视频

当拿到很多资料时需要在最短的时间内将这些资料变为一份 PPT，应该怎么做？想标题？想目录？整合资料？选择模板？要把一堆复杂的信息和数据整合成一份完整的 PPT，是不是有种无从下手的感觉（见图 1-3）？

实际上首先应该考虑要用什么内容编排才能让人理解，才能达到目的，如你要制作一份年度工作总结 PPT，那么结构可能会包括以下几个关键要点（见图 1-4）。

图 1-3

图 1-4

如果要制作一份企业介绍 PPT，那么结构可能会包括以下几个关键要点（见图 1-5）。

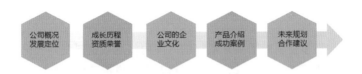

图 1-5

整理出关键要点后才能依次补充分论点去扩展它、说明它、证实它，最终会顺理成章地形成总结性的结论。

最常用的 PPT 结构是总—分—总，如图 1-6 所示。

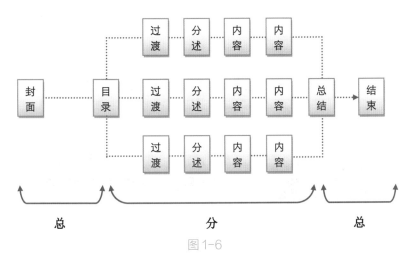

图 1-6

1. 总：概述

第一层"总"，就是概述，封面页（标题页）和目录页实际就是概述页。要提炼精准，让观众在 1 min 内就可以了解整个 PPT 想要表达的内容。标题页虽然只有少量的文字，但是它是 PPT 的门面，观众正是通过这些少量的文字来了解 PPT 想要表达的主旨，因此标题页在排版与设计上也是比较讲究的。

图 1-7～图 1-9 所示是制作的标题页的范例。这些的标题文字已经简明扼要地总结了 PPT 的主体内容。同时，无论是排版还是背景搭配都做出了满意的效果。

图 1-7

图 1-8

图 1-9

2. 分：分论点

概述是把整个 PPT 总结出来的观点表达清楚，那么"分"就是把这个观点分成能够支撑主要论点的多个小论点。

最简单的表达分论点的方法就是把分论点制作成标题页，观众通过浏览目录页与标题页，就可以知道 PPT 要表达的主要内容。即使 PPT 是超多页呈现，其整体框架结构也不会乱。

例如，制作了图 1-10 所示的目录页后，接着再为每个目录整理分论点，每个分论点可能是一张 PPT 解说，也可能是多张 PPT 解说。

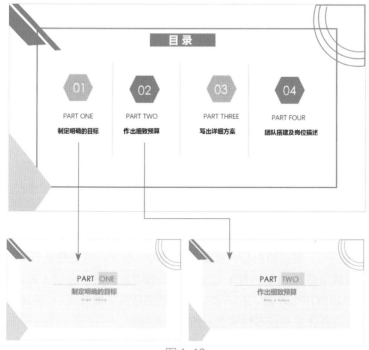

图 1-10

3. 总：总结

最后的总结是很重要的一点，PPT 讲演到最后，观众的注意力会逐步分散，因此接受能力也会明显削弱，所以如果不加以总结，可能整场演示对于观众而言真成了过眼云烟，最终什么都没记住，也没得出结论，则达不到好的效果，所以总结概括是很重要的。但是总结并不是指将前面概述里的观点再重复一遍，而是需要达到以下几个目的。

（1）回顾内容。将前面的内容重新梳理一遍，但是侧重点不同，主要突出每部分的观点。

（2）厘清逻辑。列出结论的同时还需要把观点之间的联系梳理出来，帮助观众厘清逻辑，将传递给观众的信息系统化、逻辑化。

（3）提出最终结论。总结中也需要列出最终结论，最好能用一句话来概括整个 PPT，结论必须明确才能得到明确的反馈。

（4）计划下一步工作。总结中最终需要将汇报的内容落实转化到下一步的行动中。只有把计划具体化才能真正转化为行动。

> **提　示**
>
> 　　这里所讲的总结工作一般是在辅助演讲时需要做的事情，在演讲结束时演讲者可以带领观众对内容进行一次回顾以及对逻辑进行一次整理，从而得到最终的结论，将演讲目的更加彻底地灌输，让本次演讲的效果最大化。
>
> 　　如果是非演讲型 PPT，一般来说无法通过页面展示的方式来做总结。只要把内容按拟订好的结构设计完善即可。

扫一扫，看视频

1.2.2　做内容框架

　　厘清结构后，接着需要做内容框架，也就是整篇 PPT 的目录。目录属于整篇 PPT 的骨干框架，是最简明的大纲，它能让人首先了解该 PPT 要讲解什么内容。有一点值得注意的是，一般有 4～6 条目录为宜，过多的目录会让观众抓不住重点，而且容易遗忘。

　　图 1-11～图 1-13 所示为制作的目录页参考范例。

图 1-11

　　当然这样的目录是后期设计所得，最初整理出的就是文字形式的框架条目。可以进入 Word 文档来完成目录的拟订以及接下来具体细化的内容框架。

　　例如，当拿到一份资料（如"VR 全景看房营销方案"），根据内容拟订主体目录，可以把主体目录设置为一级目录，这样在导航窗格中也能清晰呈现，如图 1-14 所示。

图 1-12

图 1-13

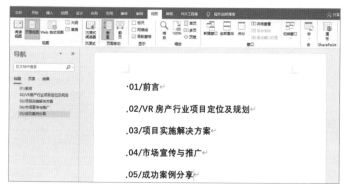

图 1-14

接着在骨干框架中细分目录，即每个目录下应该包含哪些内容，依次完成每个目录下面的细化，如图 1-15 所示。

图 1-15

还有一个对厘清思路很有帮助的方式就是建立思维导图，如图 1-16 所示。

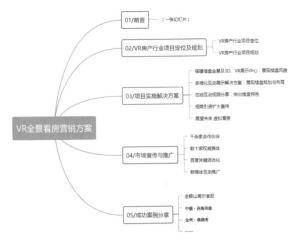

图 1-16

1.2.3 将内容大纲一键转 PPT

扫一扫，看视频

如果在 Word 文档中建立了 PPT 大纲，则可以将大纲一键转成 PPT。先获取基本内容，再依次补充设计。例如，在 1.2.2 小节中使用 Word 文档建立了框架，将主目录设置为一级目录，这时在 PPT 中可以一次性建立"节标题"幻灯片（即转场页幻灯片）。

❶ 打开目标 PPT，在"插入"选项卡中单击"新建幻灯片"下拉按钮，在打开的下拉列表中单击"幻灯片（从大纲）"命令（见图 1-17），打开"插入大纲"对话框，在目录中找到以前建立的 Word 文档，选中后单击"插入"按钮（见图 1-18），即可批量创建幻灯片，图 1-19 所示为左侧的缩略图。

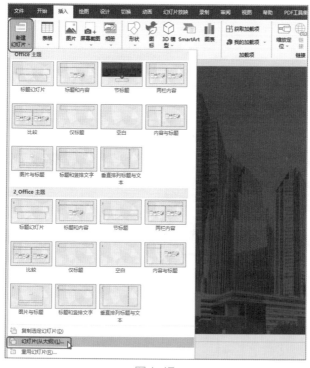

图 1-17

❷ 可以通过更改版式将这些幻灯片更改为"节标题"版式。一次性选中新建的多张幻灯片，在"开始"选项卡中单击"版式"下拉按钮，在打开的下拉列表中选择"节标题"版式，如图 1-20 所示。

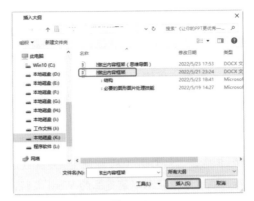

图 1-18

可能有的读者会疑惑：这里的版式来自哪里？任何一个新演示文稿都有吗？默认的演示文稿有"节标题"版式，但是只规划了文框的位置和文字大小，要想拥有这样的版式，需要自己到幻灯片母版中设计，设计之后，如果想创建节标题幻灯片，就直接应用这个版式，然后更改文字即可。后面在关于母版设计的章节中也会着重讲解。

图 1-19

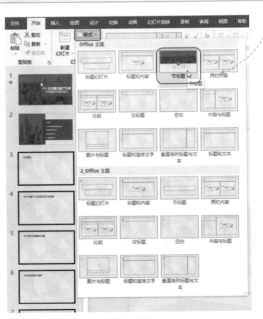

图 1-20

❸ 这时所有选中的幻灯片都成了"节标题"幻灯片，图 1-21 所示为第 1 节，图 1-22 所示为第 2 节。

图 1-21

图 1-22

提　示

Word 文档中只有一级目录才可以被导入演示文稿中作为幻灯片标题，所以在 Word 文档中要按框架结构将一级目录设置好。如果没有任何目录级别，会默认以"段"为单位将每段文字分别导入一张幻灯片中作为标题显示。

1.2.4　提炼标题

一份精彩的 PPT 离不开一个创意标题。就像一个故事或一篇报道要吸引读者一样，有一个创意标题也是关键所在。但是一个创意标题并不是在偶然间得到的。将提炼标题的步骤系统化，可以通过以下 3 个步骤提炼创意标题。

1. 列出客观关键词

客观关键词是指能把 PPT 内容精准概括出来的几个词语。想找到这些关键词，不妨做一个填空题："这是一个关于_____的 PPT。"这样就能把 PPT 最核心的内容找出来。

2. 提炼主观关键词

主观关键词区别于客观关键词，主观关键词是关于人的，是指在这个 PPT 内容的背后所体现的精神、克服的困难、表达的情绪等，如团队精神、敬业精神、开创精神、奋斗精神、成功的喜悦等。

3. 连接主观关键词和客观关键词

把主观关键词和客观关键词进行巧妙连接，要从客观关键词入手，清楚从客观关键词中能联系到哪些吸引观众眼球的创意标题。当然，将主观关键词和客观关键词连接后，要思考这些题目是否符合 PPT，或者是否与演示环境和听众匹配，以免造成分歧。

确定了标题文字后，最好进行创意设计，或者至少进行层级排版。下面给出一些范例标题以供参考。

图 1-23 所示的标题直入主题，同时使用英文实现了穿插字的效果，是具有创意的标题。

图 1-23

图 1-24 所示的标题用问句作为主标题，副标题则是对幻灯片内容的直接归纳，二者结合排版增加了文字的层次感，同时通过变换文字字形，进行了创意设计。

图 1-24

图 1-25 所示的幻灯片是一张企业年终总结及颁奖的演示文稿标题幻灯片，使用的标题文字为意境标题，而不是直接表达具体含义，在设计上搭配了合适的图片，从而呈现出文字从云中冒出的半隐效果。

图 1-25

一篇 PPT 的整体设计

一组幻灯片需要具有相同的视觉锚点，
这样会让整套 PPT 看起来整齐有序。
常见的视觉锚点有
统一的风格、
统一的配色、
统一的文字格式、
统一的设计元素、
统一的图片风格。

2.1 设计 PPT 要有整体性思维

2.1.1 统一的风格

观察一下日常使用的或是遇到的 PPT，不难发现，它们都有一个最为明显的特点，那就是给人统一的外观效果，如统一的背景样式、统一的修饰页面的设计元素、统一的标题文字的格式、统一的图片风格等。统一的外观效果可以让观众看到有美感、有条理的 PPT 作品，这对作品整体划一的印象是很重要的。

其实在设计 PPT 的过程中，需要给每页幻灯片设定一个相同的视觉锚点，如装饰图形、颜色、标题样式等。有了相同的视觉锚点，才能让整套 PPT 的排版看起来整齐有序。

首先确定自己想使用的风格，如商务风格、科技风格、黑金风格等，选用什么风格根据 PPT 内容决定，同时也受设计者设计风格的影响。图 2-1 和图 2-2 所示为两组风格统一的 PPT 例图。

图 2-1

图 2-2

2.1.2　统一的配色

扫一扫，看视频

　　制作 PPT 时保持配色统一非常重要，配色也是决定风格的一个要素，只要颜色保持统一，就会给人风格基本一致的印象。最简单的配色方法就是使用单色系或黑、白、灰外加一个主题颜色。

　　如果使用单色系，配色方面就非常容易了，做出的效果如图 2-3 所示。

图 2-3

如果使用黑、白、灰加橙色系，做出的效果如图 2-4 所示。

图 2-4

黑、白、灰加蓝色，做出的效果如图 2-5 所示。

图 2-5

2.1.3　统一的文字格式

扫一扫，看视频

文字格式的统一也是幻灯片保持整体性思维的一个重要方面，无论是标题框格式还是字体格式，同一篇 PPT 应当保持统一。图 2-6 所示的幻灯片的排版还是比较用心的，虽然在页面的装饰元素上做到了统一设计，但是在文字排版上比较混乱，让人在阅读时会感觉方案没有逻辑性。

图 2-6

通过修改达到如图 2-7 所示的排版效果，将"制定目标参考几个原则"修改为相同的标题样式，同时分 5 个小点来讲解这个原则，显然一张幻灯片是无法显示的，在分幻灯片展示时使用了相同的序号标识；字体方面也做了统一的处理，让标题使用同一字体，正文也使用同一字体。修改后的幻灯片在整体视觉上是工整有序的，同时在阅读上结构也是很清晰的。

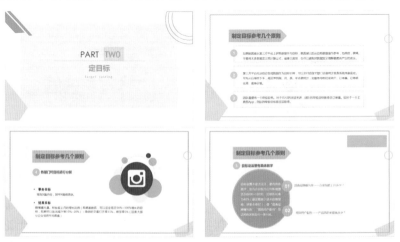

图 2-7

2.1.4 统一的设计元素

美术设计七原则中有一个原则就是统一，而统一与变化原则是对立统一规律在设计造型中的应用，是最基础的美学原则。那么在一篇 PPT 的设计中，总能观察到对立统一的规律，如标题幻灯片、目录页幻灯片、转场页幻灯片，它们总会包含相同的或相同风格的设计元素。这正是一个 PPT 整体性思维的重要体现。

观察如图 2-8 所示的幻灯片，图形的设计风格保持着对立统一的规律，页面整体流畅自然。

图 2-8

2.1.5 统一的图片风格

布局幻灯片版面时，图形与图片的装饰是不可或缺的，统一的图片风格是非常必需的，试想一下，一组幻灯片中什么类型的图片都有，色彩差别还很大，将会多么混乱。

图 2-9 所示的这组幻灯片使用的图形配色、图片风格都做到了统一。

图 2-9

2.2　母版的重要性

在 2.1 节中阐述了整体性思维对整篇 PPT 的重要性，如果要让 PPT 具有这一特性，那一定要了解幻灯片母版的重要性。

母版是定义 PPT 中所有幻灯片页面格式的幻灯片视图，它用于存储 PPT 的主题版式的信息，包括背景、颜色、字体、装饰元素、占位符大小和位置等 PPT 中的共有信息，因此能让 PPT 具有统一的外观特点。

在"视图"选项卡中的"母版视图"选项组中单击"幻灯片母版"按钮（见图 2-10），即可进入母版视图，可以看到幻灯片版式、占位符等，如图 2-11 所示。

图 2-10

图 2-11

2.2.1　了解版式与占位符

扫一扫，看视频

　　母版左侧显示了多种版式，默认会包括"标题幻灯片""标题和内容""图片和标题""空白""比较"等 11 种版式，版式中可以按自己的设计思路配合图形、图片、占位符等元素进行排版布局。图 2-12 所示为"节标题"页（即转场页）幻灯片的版式。

> 　　这些版式有名称，也可以把它们重新命名为便于识别的名称，如转场页、内容页，或 PART1 内容页、PART2 内容页。
> 　　在版式上右击，在弹出的快捷菜单中选择"重命名"命令即可编辑。

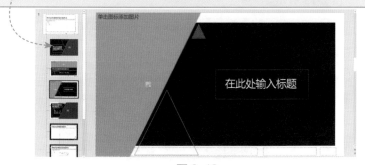

图 2-12

> **提　示**
>
> 　　这些版式并不一定每个都需要用，可以编辑几个自己需要使用的。一般是需要多次使用的幻灯片才创建版式，如一篇 PPT 中会有多个"节标题"页，那么则在母版中设计好一个版式，当需要创建"节标题"页时就直接应用版式，重新编辑文字即设计好了。再如内容页，虽然排版方式可能不一样，但是可以在母版中把整个页面的装饰元素、标题的位置、标题的字体和字号等统一设置好，那么建立内容页时，先应用版式创建，再按实际情况排版其他内容即可，这也正符合了前面小节中一再强调的整个 PPT 保持风格统一的特点。

那么在母版中设计了版式后如何应用呢？

操作步骤

❶ 在"幻灯片母版"选项卡中的"关闭"选项组中单击"关闭母版视图"按钮，如图 2-13 所示，退出母版。

图 2-13

❷ 在"插入"选项卡中的"幻灯片"选项组中单击"新建幻灯片"按钮（在打开的下拉列表中显示出了所有版式），在下拉列表中可以看到设计的"节标题页"版式，如图 2-14 所示，单击该版式，即可以此版式新建幻灯片，如图 2-15 所示。

图 2-14

图 2-15

❸ 单击图片占位符插入图片，单击文本占位符编辑文本，一张节标题幻灯片就快速地设计好了，如图 2-16 所示。

图 2-16

❹ 再次在"新建幻灯片"下拉列表中选择"仅标题_白色"版式，如图 2-17 所示，即可创建如图 2-18 所示的幻灯片。

图 2-17

图 2-18

❺ 编辑标题，内容区域按自己的设计思路安排内容并排版，设计好的内容幻灯片如图 2-19 和图 2-20 所示。

图 2-19

图 2-20

　　了解了版式之后，再来了解一下占位符。占位符是一种带有虚线或阴影线边缘的框，绝大部分幻灯片版式中都有这种框，在这些框内可以放置标题、正文，或者图表、表格和图片等对象，并规定这些内容放置的位置和区域面积，图 2-21 所示是最基本的占位符样式。

图 2-21

　　占位符就如同一个文本框，可以任意拖动以改变它的位置、高度和宽度以及形状，还可以设置边框线、填充颜色。如图 2-22 所示的版式，就是先利用图形对整个页面进行布局，然后在左侧使用一个图片占位符（直接将图片占位符变换为一个倒立直角梯形的样式），在右侧使用一个文本占位符，有了这两个占位符，当建立幻灯片时，单击图片占位符即可插入图片，单击文本占位符即可输入文本（见图 2-16）。

> 　　图 2-16 所示的幻灯片就是使用了这个版式，这里在母版中直接把占位符更改为了这种特殊形状，添加图片后则自动填充到图形中，不必再进行裁剪。

图 2-22

　　由此可见，可以借助幻灯片母版来统一幻灯片的整体版式，对其进行全局修改。例如，设置所有幻灯片统一的背景、统一的字体，添加页脚标语、Logo 标志都可以借用母版统一设置。下面将更加详细地介绍在母版中的操作，深入了解在母版中编辑内容为整篇 PPT 带来的影响。

2.2.2　定制统一的幻灯片背景

扫一扫，看视频

　　统一的背景也是保障一套 PPT 的整体性的要素之一，如果感觉默认的纯色背景太过单调，则可以为幻灯片设置背景效果，如图片背景、渐变背景等。但最好不要使用 PPT 程序给出的主题背景，效果确实不理想。

　　如果想应用统一的背景进入母版视图中进行设置会比较省时、省力。这里讲解两种最常用的背景——图片背景和渐变背景。

1. 图片背景

　　如图 2-23 所示应用了一个雪花图案的浅色图片背景（首页是单独设计的，所以除外）。

图 2-23

设置图片背景前要准备好背景图片，在图片的选择上要注意选择色彩相对单一，不能掩盖主题以及只起修饰作用的图片。

操作步骤

❶ 在"视图"选项卡中的"母版视图"选项组中单击"幻灯片母版"按钮，进入母版视图。

❷ 选中左侧窗格中最上方的幻灯片母版（注意是母版，不是下面的版式），在"幻灯片母版"选项卡中的"背景"选项组中单击 按钮（见图 2-24），打开"设置背景格式"右侧窗格。

提　示

在设置图片背景前一定要选中主母版，如果选中的是主母版下的任意一种版式，那么所设置的背景则只会应用于这个版式，即只有幻灯片应用这个版式时才有背景，否则没有。而选择主母版后设置背景，无论幻灯片应用哪种版式，都会是相同的背景。

图 2-24

❸ 展开"填充"栏，选中"图片或纹理填充"单选按钮，在"图片源"栏中单击"插入"按钮（见图 2-25），打开"插入图片"对话框。找到准备好的背景图片并选中，如图 2-26 所示。

图 2-25

图 2-26

❹ 单击"插入"按钮，此时所有版式都应用了统一的背景，如图 2-27 所示。

图 2-27

❺ 退出母版视图，可以看到整篇 PPT 都使用了刚才设置的背景。

┌─ 提　示 ─────────────────────────────────┐

　　这一设置可以让整篇 PPT 全部应用相同的背景下那么对于需要特殊设计的幻灯片有时并不需要背景或者需要设置其他特殊背景，那该怎么办呢？只要在目标幻灯片中右击，在弹出的快捷菜单选择"设置背景格式"命令，将打开"设置背景格式"右侧窗格，在"填充"栏中选中"纯色填充"单选按钮，然后选择一个白色背景，或者更改为其他渐变背景、图片背景即可。

└─────────────────────────────────────┘

2. 渐变背景

　　除了图片背景外，也可以统一为幻灯片应用渐变背景，同样，在渐变参数设置上也有相关要点，下面将进行讲解。

【操作步骤】

❶ 进入母版视图，选中左侧窗格中最上方的幻灯片母版，在"幻灯片母版"选项卡中的"背景"选项组中单击 ⤢ 按钮，打开"设置背景格式"右侧窗格。

❷ 在"填充"栏中选中"渐变填充"单选按钮，参数设置如图 2-28 所示。在 2 个渐变光圈中，第 1 个光圈颜色为想使用的主色（如可以用幻灯片的主色调），第 2 个光圈为白色。将第 1 个光圈的透明度调整为 90%，这样做是为了淡化颜色，让渐变的背景颜色不再引人注目，具有氛围感的效果，设置后的渐变背景如图 2-29 所示。

❸ 退出母版视图，可以看到整篇 PPT 都使用了刚才设置的渐变背景，如图 2-30 所示。同理，如果哪张幻灯片不适合使用这个渐变背景，则需要单独将它的背景恢复为纯色（如本例中的目录幻灯片）。

因为第 1 次牵涉到利用渐变设计特殊的显示效果，因此这里着重描述渐变参数。

所有的渐变参数都集中在这里。首先需要设置渐变的类型和方向。类型有多种，以"线性"最为常用，读者可以自己去测试其他类型的效果。选择类型后再设置渐变的方向（可以单击右侧的下拉按钮选择预设，也可以直接输入角度）。

渐变的光圈个数可以通过 ⬆ 和 ⬇ 两个按钮来增加或减少（但至少要有两个）。光圈点颜色的修改，需要先在标尺上定位，然后再更改颜色，颜色可以设置透明度达到半透明渐变的效果。还可以拖动调节位置，调节位置可以产生让两个色彩从一个向另一个切换的舒缓效果，至于更加精确的效果体验，仍然需要通过实际操作去体会。

另外再补充说一下，选择渐变色彩时切忌不讲配色、不讲美感地随意添加光圈、胡乱设置颜色，这样的效果反而适得其反。

图 2-28

图 2-29

提　示

关于幻灯片的渐变背景，随时都要进行设置，其设置方法就是本节介绍的内容。如果不进入母版中操作，效果就应用于当前幻灯片；如果进入母版中操作，效果就应用于所有幻灯片。

图 2-30

2.2.3　定制统一的文字格式

扫一扫，看视频

　　一篇完整的 PPT 中有些幻灯片需要单独设计，同时也有一些正文幻灯片会使用大致相同的版面与设计风格，如都会包含标题与正文，此时可以在母版中统一标题文字与正文文字的格式，一方面可以保障统一的页面形式，另一方面可以节约设计时间。下面讲解在母版中的设计及幻灯片的应用过程。

(操作步骤)

　　❶ 在"视图"选项卡中的"母版视图"选项组中单击"幻灯片母版"按钮，进入母版视图，在左侧窗格中选中"标题和内容"版式（在更改版式之前，一定要在左侧先选中该版式），然后通过更改占位符的位置、调整占位符大小、添加修饰图形等操作更改该版式的页面布局（左侧空出来准备放图片），如图 2-31 所示。

　　❷ 选中"单击此处编辑母版标题样式"文字，在"开始"选项卡中的"字体"选项组中设置文字格式（字体、字形、颜色等），并调整好它的位置，如图 2-32 所示。

图 2-31

❸ 按相同的方法为正文设置文字格式，然后退出母版视图回到幻灯片中。在"开始"选项卡中单击"新建幻灯片"按钮，在打开的下拉列表中选择"1. 标题和内容"版式（见图 2-33），新建的幻灯片如图 2-34 所示。

图 2-32

图 2-33

图 2-34

❹ 在占位符上单击即可输入标题及文本，然后对幻灯片进行其他补充设计，得到的幻灯片如图 2-35 和图 2-36 所示。

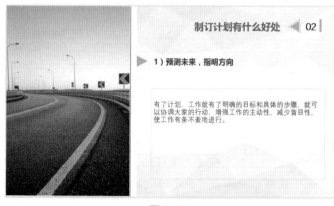

图 2-35

图 2-36

扫一扫，看视频

2.2.4　设计统一的页面装饰元素

一篇 PPT 的整体风格一般由背景、图形配色、页面顶部及底部的修饰元素等决定。因此，在设计幻灯片时一般都会为整体页面使用统一的页面元素进行布局和设计。即使是下载的主题，有时也需要进行一些类似的补充设计。当然，只要掌握了操作方法，设计思路可谓是创意无限。

图 2-37 所示的一组幻灯片使用了图形来设计左上角位置的标题区。

图 2-37

下面以此为例介绍在母版中编辑的方法。

操作步骤

❶ 在"视图"选项卡中的"母版视图"选项组中单击"幻灯片母版"按钮，进入母版视图。

❷ 选中"标题和内容"版式（因为像标题幻灯片、"节标题"幻灯片等一般都需要特殊的设计，因此在设计时可以选中部分版式），在"插入"选项卡的"插图"选项组中单击"形状"下拉按钮，在打开的下拉列表中选择"矩形"图形样式（见图 2-38），此时光标变成十字形状，按住鼠标左键拖动绘制图形，如图 2-39 所示。

❸ 按相同的方法在矩形的上方和下方各绘制一条直线，如图 2-40 所示。

因为像标题幻灯片、"节标题"幻灯片等一般都需要特殊的设计，因此在设计时可以选中部分版式。

图 2-38

图 2-39

图 2-40

❹ 在矩形上右击，在弹出的快捷菜单中选择"编辑顶点"命令（见图 2-41），将鼠标指针指向右下角顶点，按住鼠标左键向左拖动调节（见图 2-42），将图形改变为斜角样式。

图 2-41

图 2-42

关于图形的多种编辑操作及如何调节顶点变换图形，在后面章节会详细介绍。

❺ 按照设计思路继续添加图形进行修饰，最后将标题框移至所绘制的图形上并对文字格式进行重新设置，如图 2-43 所示。

图 2-43

⑥ 完成设置后退出母版视图，可以看到所有应用该版式的幻灯片都包含了前面设计的元素。

2.2.5　定制统一的 Logo 图片

在一些商务性的幻灯片中经常会将 Logo 图片显示于每张幻灯片中，不仅可以体现企业的企业文化，而且可以起到修饰和布局版面的作用。

【操作步骤】

❶ 进入母版视图。在左侧窗格中选中版式，在"插入"选项卡的"图像"选项组中单击"图片"下拉按钮，在打开的下拉列表中选择"此设备"命令，如图 2-44 所示。

❷ 在打开的"插入图片"对话框中找到 Logo 图片所在路径并选中（见图 2-45），单击"插入"按钮，适当调整图片大小并移动图片到需要的位置，如图 2-46 所示。

图 2-44

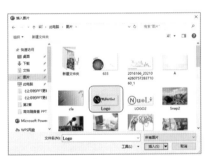

图 2-45

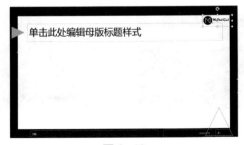

图 2-46

❸ 选中"节标题页"版式，插入 Logo 图片并调节好大小和位置，如图 2-47 所示。

> 并不是所有的幻灯片都适合显示 Logo 图片，所以可以选择需要显示 Logo 图片的版式来添加。本例中有两种版式需要 Logo 图片，但却需要显示在不同位置，所以分别添加并调节。

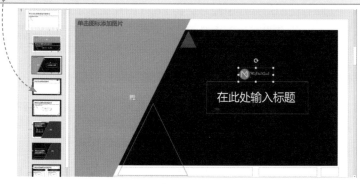

图 2-47

❹ 设置完成后，退出母版视图。"仅标题"和"节标题页"这两种版式中都会显示 Logo 图片，在图 2-48 所示的组图中可以观察应用的 Logo 图片。

提　示

可能有的读者会认为，可以将 Logo 图片直接插入需要该 Logo 图片的幻灯片中，这种做法是正确的。在母版中选择相应的版式来添加 Logo 图片可以起到"一次加入，多次使用"的效果，并且可以保障格式与位置严格一致。

图 2-48

图 2-48（续）

扫一扫，看视频

2.2.6　定制统一的页脚效果

幻灯片的页脚包括三个部分，分别是时间、自定义的页脚文字和页码。其中时间可以是当前时间，也可以指定时间，页脚文字可以是企业名称、宣传标语等，页码就是当前幻灯片的实际页码。

操作步骤

❶ 在"插入"选项卡中的"文本"选项组中单击"页眉和页脚"按钮（见图 2-49），打开"页眉和页脚"对话框。

图 2-49

❷ 选中相应复选框，并在"页脚"框中输入要显示的文字，如图 2-50 所示。

图 2-50

❸ 单击"全部应用"按钮，即可显示页脚，通过图 2-51 和图 2-52 所示的幻灯片可以看到效果。

图 2-51

图 2-52

前面添加页脚这一操作并未在母版视图中进行。插入页脚可以不在母版视图中操作，但如果想进行文字格式的设置、改变显示位置或者为页码添加小装饰等，则必须在母版视图中进行。

操作步骤

❶ 进入母版视图，选中主母版，选中页脚文字可以重新设置文字格式（见图 2-53），也可以拖动改变位置。

图 2-53

❷ 在页码位置的底部添加一个小树叶图形进行装饰，如图 2-54 所示。

❸ 设置完成后，退出母版视图，可以通过图 2-55 和图 2-56 所示的幻灯片观察页脚格式的改变。

单击此处编辑母版标题样式

单击此处编辑母版文本样式
第二级

日常使用的幻灯片中有很多经过设计装饰的页码，可以使用图片也可以使用图形，但设计后都要将表示页码的 "#" 符号放在顶层，并且不要随意更改它，它是一个域，会自动统计页数，显示页码。

图 2-54

图 2-55

图 2-56

2.3　自定义设计版式和模板

2.3.1　自定义可多次使用的幻灯片版式

扫一扫，看视频

　　母版中的默认版式有 11 种，可以在这些版式基础上重新编辑修改（包括文字格式、占位符位置、占位符样式、添加图形布局等），也可以自定义新的版式。当多张幻灯片需要使用某一种结构，而这种结构的版式在程序默认的版式中又无法找到时，就可以自定义设计。当然，无论是自定义修改原版式，还是创建新的版式，它们的操作方法基本相同。

　　下面以修改"节标题"版式为例介绍操作方法。图 2-57 所示为统一定制了背景的"节标题"版式，现在重新自定义版式达到如图 2-58 所示的效果。

图 2-57　　　　　　　　　　　　　　图 2-58

　　使用自定义的节标题创建幻灯片并编辑内容，得到的幻灯片如图 2-59 所示。

图 2-59

操作步骤

❶ 进入母版视图，在左侧窗格中选中"节标题"版式，如图 2-60 所示。

❷ 添加图片作为背景，然后在图片上绘制矩形，并设置半透明效果，如图 2-61 所示。

图 2-60

图 2-61

❸ 同时选中图片与图形，右击，在弹出的快捷菜单中选择"置于底层"命令，如图 2-62 所示。

❹ 调整两个默认占位符的位置，并设置占位符的文字格式，如图 2-63 所示。

图 2-62

图 2-63

❺ 在"插入"选项卡中的"插图"选项组中单击"形状"下拉按钮，在打开的下拉列表中选择"椭圆"命令（见图 2-64），绘制图形并设置图形效果，如图 2-65 所示（关于图形的格式设置在第 4 章会给出详细的讲解）。

❻ 在"幻灯片母版"选项卡中的"母版版式"选项组中单击"插入占位符"下拉按钮，在打开的下拉列表中选择"图片"命令（见图 2-66），在图形上绘制"图片"占位符，如图 2-67 所示。

❼ 在"插入"选项卡中的"插图"选项组中单击"形状"下拉按钮，在打开的下拉列表中选中"直线"命令（见图 2-68），在版式中绘制直线并设置格式，如图 2-69 所示。

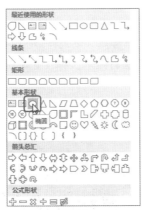

图 2-64

图 2-65

图 2-66

图 2-67

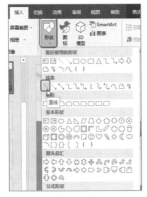

图 2-68

图 2-69

❽ 完成上面的操作后，退出母版视图。在"开始"选项卡中的"幻灯片"选项组中单击"新建幻灯片"下拉按钮，在打开的下拉列表中可以看到所设计的版式（见图 2-70），当需要创建"节标题"幻灯片时，可以在此处单击该版式，然后按实际需要重新编辑内容。

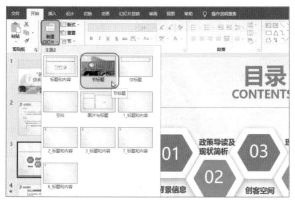

图 2-70

提　示

本例中是直接选中"标题和内容"版式，然后对版式进行修改，也可以新建一个版式来进行自由设计。在"幻灯片母版"选项卡中的"编辑母版"选项组中单击"插入版式"命令即可插入新版式。新插入的版式包含一个标题框，其他位置为空白，可尽情发挥自己的创意。

扫一扫，看视频

2.3.2　设计模板

由上面的多个技巧的内容可知主题是由背景、版式、文字格式，以及图形、图片等相关的设计元素组成的一套幻灯片样式。为了保持一篇 PPT 整体布局的统一性和协调性，可在幻灯片母版中操作完成。通常是根据幻灯片的类型确定主题色调及背景特色等，还可以根据当前 PPT 的特性建立几个常用的版式，以方便在创建幻灯片时快速套用。

下面通过一个例子来讲解如何自定义一套主题。

1.设置 PPT 背景

操作步骤

❶ 新建空白 PPT，进入母版视图。选中左侧窗格最上方的幻灯片母版

图 2-71

（注意是母版，不是下面的版式）。在"幻灯片母版"选项卡中的"背景"选项组中单击 ⌐ 按钮（见图 2-71），打开"设置背景格式"右侧窗格。

❷ 展开"填充"栏，选中"图片或纹理填充"单选按钮，单击"插入"按钮（见图 2-72），打开"插入图片"对话框，为 PPT 选择一个准备好的图片背景，如图 2-73 所示。

图 2-72

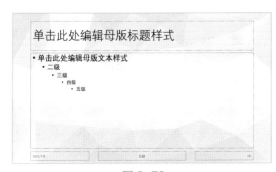

图 2-73

2.自定义"节标题"版式

操作步骤

❶ 选中"节标题"版式，先删除该版式上所有的占位符，然后在左上角绘制装饰图形并设置格式

图 2-74

（图形格式设置在第 4 章会详细介绍），达到如图 2-74 所示的效果。

❷ 在"幻灯片母版"选项卡中的"母版版式"选项组中单击"插入占位符"下拉按钮，在打开的下拉列表中选择"图片"命令（见图 2-75），在版式中绘制图片占位符，如图 2-76 所示。

图 2-75　　　　　　　　　　　图 2-76

❸ 在图片占位符下绘制装饰图形并设置图形的格式，如图 2-77 所示。

❹ 继续在"母版版式"选项组中单击"插入占位符"下拉按钮，在打开的下拉列表中选择"文本"命令（见图 2-78），在版式中绘制多个文本占位符，然后按设计思路设置占位符的文字格式，并放置在合适的位置。本例按设计思路完成添加后的效果如图 2-79 所示。

图 2-77　　　　　　　　　　　图 2-78

提　示

在添加"文本"占位符时，可以观察到文本包含多个级别，如果不需要这些级别，可以全部删除。同时为了达到提示输入的目的，默认的占位符中的文字是可以修改的，如此处的"输入编号"就是修改后的文字。

图 2-79

3. 自定义内容幻灯片版式

操作步骤

❶ 在"幻灯片母版"选项卡中的"编辑母版"选项组中单击"插入版式"按钮（见图 2-80）添加一个新版式。选中新版式并右击，在弹出的快捷菜单中选择"重命名版式"命令（见图 2-81），打开"重命名版式"对话框，将版式重命名为"第一章版式"，如图 2-82 所示。

图 2-80   图 2-81   图 2-82

❷ 在版式中添加图形装饰，并添加占位符，同时在底部添加第一章的标题并排版，如图 2-83 所示。

图 2-83

❸ 复制"第一章版式"，并在复制的版式上右击，在弹出的快捷菜单中选择"重命名版式"命令（见图 2-84），打开"重命名版式"对话框，将版式重命名为"第二章版式"，如图 2-85 所示。然后在该版式中修改底部文字为第二章的标题，如图 2-86 所示。

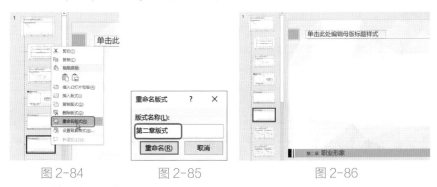

图 2-84　　　　　　图 2-85　　　　　　图 2-86

提　示

　　按本例的设计思路，可以依次复制版式，创建"第三章版式""第四章版式"等。根据设计思路的不同，有时也并不需要建立很多内容幻灯片版式，如果幻灯片的内容没有多个明细分章，则只要建立一个内容幻灯片版式即可。在建立时需要注意的是，不需要变动的内容就直接在母版中设计或输入，需要变动的内容则使用占位符，那么在编辑幻灯片时单击占位符就能填入内容。

4. 应用版式创建幻灯片

操作步骤

❶ 退出母版视图，在"开始"选项卡中的"幻灯片"选项组中单击"新建幻灯片"按钮，在打开的下拉列表框中可以看到有之前创建的版式，如图 2-87 所示。

❷ 选中"节标题"版式，创建新幻灯片，如图 2-88 所示。在版式上编辑幻灯片，得到如图 2-89 所示的幻灯片。

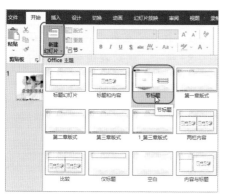

图 2-87

图 2-88

❸ 选中"第一章版式"版式（见图 2-90），创建新幻灯片，如图 2-91 所示。在版式上编辑幻灯片，得到如图 2-92 所示的幻灯片。

图 2-89

图 2-90

图 2-91　　　　　　　　　　　　图 2-92

2.4　模板的应用

2.4.1　使用新模板

扫一扫，看视频

　　PPT 作为工作中一种有效的沟通工具，其用途不下百种，而且还在不断延伸。作为如此重要的商务沟通工具，幻灯片已经不仅仅是停留在过去默认的陈旧模板加文字堆积的阶段了。幻灯片要在传达主题的基础上给人带来专业、商务、美好的视觉感受。实践表明，设计精良的幻灯片确实可以给观众带来愉悦的体验，也可以时刻向对方传达专业、敬业的职业形象。因此制作幻灯片时无论是在模板的选用上还是内容的设计上都要十分讲究，首先如图 2-93 和图 2-94 所示的陈旧的模板必须淘汰。

图 2-93

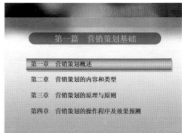

图 2-94

　　网络是一个丰富的资源共享平台，在网络上有很多专业的、非专业的 PPT 网站中都提供了较多的可以下载的模板。通过下载的模板，可以学习别人之长，补己之短。

　　图 2-95 和图 2-96 所示的模板都是下载的，可以在整体风格的基础上编辑与补充设计自己的 PPT。

图 2-95

图 2-96

 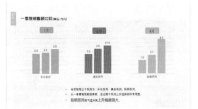

图 2-96（续）

2.4.2　设计与场合相匹配的风格

在制作 PPT 的过程中，多数人会选择套用相关主题或模板，或者对主题或模板进行部分修改，因为要想完全自定义设计模板，不具备一定的专业设计素养一般很难实现。

那么如何选择合适的主题和模板呢？其中一个重要的原则是根据讲演内容来确定匹配的主题或模板，使用得当，才能使幻灯片效果更加出彩。反之，会使整体不协调。

为了有更多合适的选择，可以在各大网站上下载丰富的主题资源，但是必须遵循主题与讲演内容相匹配这一原则。

根据讲演内容，经常使用的工作型模板一般包括工作总结、汇报类 PPT 模板，企业、产品宣传类 PPT 模板，培训、技能解说类 PPT 模板，项目演示、招商类 PPT 模板，教学课件类 PPT 模板。

对于工作型的 PPT 模板，一般选择比较传统的颜色，不局限于用哪种特定的颜色，在设计时一定要具有在 2.1 节中强调的多方面的整体性思维。由于工作型 PPT 的内容一般注重说明与解决问题，因此内容相对复杂，一般会用色块、线条和简单的点缀图案来布置整个版面，以预留较大的空间用于放置内容，如图 2-97～图 2-99 所示。

图 2-97

图 2-98

图 2-99

扫一扫，看视频

2.4.3　修改下载的模板

当使用下载的模板时，并不是所有的模板都可以直接使用，绝大多数都需要进行修改或补充设计。例如，某些模板上有一些商业性的文字或者公司 Logo 图片，需要删除这些内容同时可能还要加上自己公司的 Logo 图片。另外，母版中的修改或补充设计也是必不可少的，如添加色块、添加整体水印效果等，通过修改模板更加符合当前使用的需要。

下载一个模板，如图 2-100 所示。

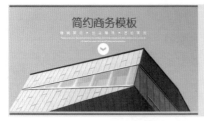

图 2-100

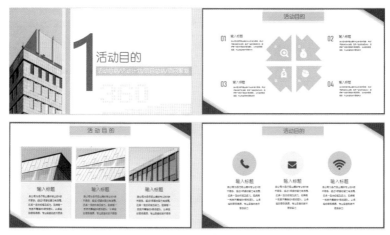

图 2-100（续）

现在进行一些修改，操作如下。

1. 修改标题的位置、装饰图形并添加 Logo 图片

[操作步骤]

❶ 进入母版视图，可以看到其中一个版式进行了格式设置（见图 2-101），并且除了标题幻灯片、目录幻灯片、"节标题"幻灯片外，其他所有的幻灯片都是应用了此版式。

❷ 选中该版式，重新修改页面的装饰元素，调整标题占位符的位置，添加 Logo 图片，如图 2-102 所示。完成这项操作后，退出母版视图，可以看到幻灯片发生了变化，如图 2-103 和图 2-104 所示。

图 2-101

图 2-102

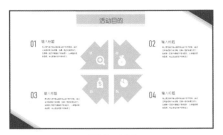

图 2-103

图 2-104

2. 添加水印背景

操作步骤

❶ 进入母版视图，在"幻灯片母版"选项卡中的"背景"选项组中单击 ⬛ 按钮（见图 2-105），打开"设置背景格式"右侧窗格。

❷ 在"填充"栏中选中"图片或纹理填充"单选按钮，单击"插入"按钮（见图 2-106），打开"插入图片"对话框。找到准备好的背景图片并进行插入，此处插入了一个制作好的表示企业水印的图片，如图 2-107 所示。

图 2-105

图 2-106

图 2-107

❸ 完成这项操作后，退出母版视图，可以看到幻灯片都添加了水印背景，如图 2-108 和图 2-109 所示。

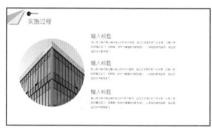

图 2-108　　　　　　　　　　　　图 2-109

3. 修改配色方案

幻灯片有默认的主题颜色，即默认的主题配色方案。主题配色方案是由一组包含 10 种颜色的配置，这 10 种颜色所构成的配色方案决定了幻灯片中文字、背景、图形、图表对象的默认颜色。

只要在幻灯片中涉及颜色的设置，都会看到这个颜色列表（图 2-110 所示为设置字体颜色时的列表，图 2-111 所示为设置形状颜色时的列表），这就是主题颜色，每一列都是对应的主题颜色不同明暗度的变化。

图 2-110　　　　　　　　　　　　图 2-111

程序提供了多种配色方案，如果不喜欢当前的主题颜色，可以更改主题颜色的搭配。

操作步骤

❶ 在"设计"选项卡中的"变体"选项组中单击 ▼（其他）按钮，在打开的下拉列表中将鼠标指针指向所需"颜色"方案，在展开的子列表中可以重新选择配色方案，鼠标指针指向颜色示例即可预览改变后的幻灯片主题颜色样式（见图 2-112），确定颜色方案后单击即可应用。

图 2-112

❷ 选择"蓝色Ⅱ"方案，幻灯片中的图形的配色都自动进行了变更，如图 2-113 和图 2-114 所示。

图 2-113　　　　　　　　　　　图 2-114

4. 修改主题字体

在制作 PPT 的过程中，当应用了某一主题后，幻灯片有默认的主题字体（即默认的标题文本使用的字体、正文文本使用的字体）。如果感觉字体效果不合适，也可以重新更换主题字体或自定义主题字体。

操作步骤

❶ 在"设计"选项卡中的"主题"选项组中单击▾（其他）按钮，在打开的下拉列表中将鼠标指针指向"字体"方案，在打开的子列表中选择合适的主题字体，鼠标指针指向字体示例即可预览改变后的幻灯片主题字体样式（见图 2-115），确定方案后单击即可应用。

图 2-115

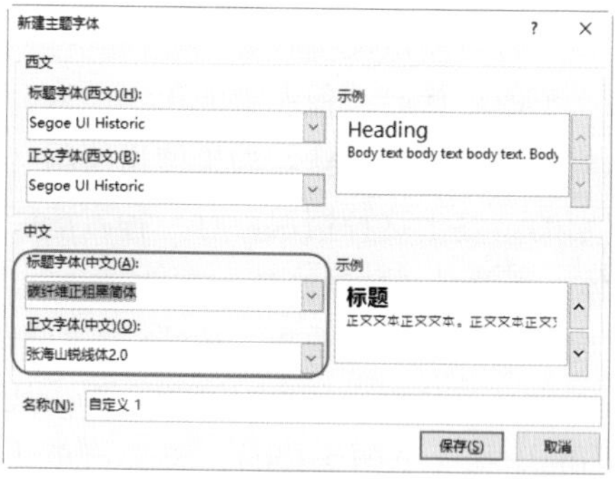

❷ 如果不满意内置的字体方案，可以选择"自定义字体"命令，打开"新建主题字体"对话框，可以自定义设置标题的字体主题字体（见图 2-116），确定方案后，命名保存即可。

图 2-116

可能有的读者会说："为什么我更改了主题颜色、主题字体，模板中各幻灯片没有任何反应，或者只有部分幻灯片改变了，还有一部分却不变？"这里有必要解释一下。

先来解释主题颜色。主题配色方案决定了调色板中的 10 种主题颜色以及以下不同明暗度产生的其他颜色，当更改配色方案时可以看到其对应的主题颜色，如图 2-117~图 2-119 所示。

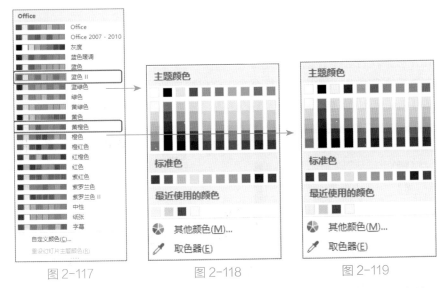

图 2-117　　　　　　　图 2-118　　　　　　　图 2-119

　　在幻灯片中建立图形设置颜色、输入文字设置颜色、为图表设置颜色，只要使用"主题颜色"列表中的颜色，那么更改主题时，其颜色也会相应改变；反之，如果设置颜色时使用的是非"主题颜色"列表中的颜色，那么更改主题时，这些颜色是不会更改的。

　　再说一下主题字体。在创建幻灯片时，每张幻灯片都有默认的标题占位符、正文占位符、图片占位符等，占位符可以改变位置、设计样式，但只要最终使用占位符来输入文本，那么更改字体时，程序就能识别，将会为标题占位符或正文占位符中的文本应用修改后的字体。如果使用绘制文本框来输入文本，那么程序是无法识别的。鉴于这种情况，有一种方法能一次性将某一种字体更改为另一种字体，那就是"替换字体"功能。

　　在"开始"选项卡中的"编辑"选项组中单击"替换"按钮，在打开的下拉列表中选择"替换字体"命令，打开"替换字体"对话框，首先找到要替换的字体，接着设置要替换为的字体（见图 2-120），设置后单击"替换"按钮即可完成全部替换。如图 2-121 所示，字体已经进行了替换。

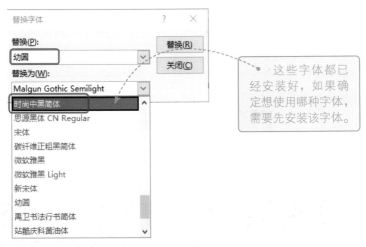

图 2-120

图 2-121

PPT 的可视化设计

可视化思维被喻为看得见的思维方式。
用逻辑性的思路和可视化的图示图形，
展现内在的思维，
达到更易于理解与传达信息的目的。

3.1　PPT 语言表达的可视化

可视化思维被喻为看得见的思维方式，是指利用逻辑性的思路、可视化的图示图形来展示思维过程和思路，相比以往的思维过程，可视化思维更强调把内在的思维展示出来，更加易于理解、更加直观。

PPT 的可视化思维可以分为语言表达可视化和视觉呈现可视化。所谓语言表达可视化是指梳理文案的结构、精简文案、提炼主题等，最终在阅读的逻辑性方面呈现为最佳状态。

3.1.1　内容逻辑化的核心方法——金字塔原理

扫一扫，看视频

如何做到内容逻辑化？简单来说，就是作为观看者，你希望先看到什么，后看到什么，重点看什么，最终看什么。若内容无逻辑，就像一盘散沙，想要表达的重点是什么便无从知晓。

保障内容逻辑化，可以借助于芭芭拉·明托（Barbara Minto）发明的金字塔原理。在金字塔结构中，思想之间的联系方式可以是纵向的——任何一个层次的思想都是对其下一个层次思想的总结；也可以是横向的——多个思想因共同组成一个逻辑推断式，而被并列组织在一起。

在制作幻灯片的过程中依据金字塔原理可以有效地解决两个问题（见图 3-1）。

图 3-1

金字塔原理的法则简单来说就是用论据支撑论点，即从结论说起，先抛出结论，再列举多个论据去说明它（见图 3-2）。

如果进一步细化，可以参考图 3-3 所示的步骤。

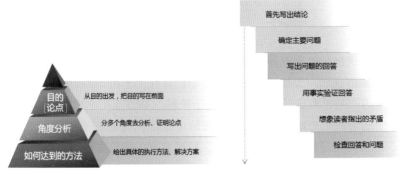

图 3-2   图 3-3

对于一篇 PPT 来说，封面页就是一个论点，而后面所有幻灯片都可以说成是各个论据；从单张幻灯片来说，大标题就是这一张幻灯片的论点，下面的内容就是论据。

众所周知，制作幻灯片要学会从材料中提炼观点，并把观点设计得醒目，那么这些观点就是论点，其他的内容多数就是论据，而作为论据的内容通常是说明文字、表格、图表、图片、视频等。

在图 3-4 所示的幻灯片中，标题是论点，下面分了两个论点。

图 3-4

在图 3-5 所示的幻灯片中，通过标题和辅助文字给出了论点与结论，而论据就是图表展示的数据。

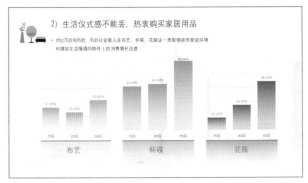

图 3-5

　　另外，很多人还喜欢使用问句来作为论点，提出问题后自然要对问题进行分析并给出相应的结论，如图 3-6 所示。

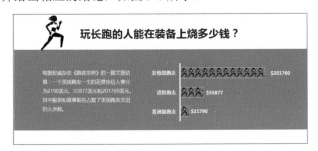

注：跑友是指热爱跑步的人。

图 3-6

　　因此，无论是一篇 PPT 还是一张幻灯片，把内容逻辑化这一项工作处理好是最为关键的，论点要提取到位，论据要有序呈现。如果像图 3-7 所示在任何位置随意提出论点，这样的幻灯片显然是没有逻辑性的。

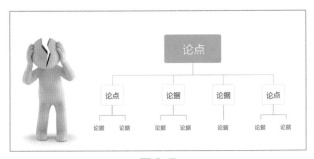

图 3-7

正确的做法是提出论点后，用论据去支撑论点（见图3-8）。如果有多个分论点，要在整个PPT中进行分节处理，甚至还可以在各节中进行细分，但仍然要遵循用论据支撑论点的原则（见图3-9）。

图 3-8

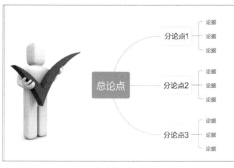

图 3-9

证明一个论点的论据也可以分多张幻灯片去呈现。例如，在"定目标"小节中给出的第1个论点是"制定目标参考几个原则"，那么在罗列论据时，一张幻灯片并不足以完成设计，则可以使用多张幻灯片去完成，如图3-10～图3-13所示。

图 3-10

图 3-11

图 3-12

图 3-13

> **提 示**
>
> 在应用金字塔法则时有几个需要注意的要点：
>
> （1）概括的标题不是罗列问题，应当尽量给出具体的论点和意见。
>
> （2）如果是图表，图表标题要说明数据指示的含义或趋势。
>
> （3）站在听众的角度再思考一遍：是否提出了一个明确的问题或者有价值的假设？并提供了解决问题的方案和明确的解答。

扫一扫，看视频

3.1.2 精简文案

内容逻辑化的核心方法——金字塔原理——为的就是从大段文案中获得最根本的要素，而如果有清晰的划定和整理，那么获取信息就变得更为快速而精准。所以制作的幻灯片一定不能看上去无结构、无重点，要做到精简文案，"跳"出观点。只有这样的幻灯片才能让人即使时间再忙也能抽时间浏览，并对其产生印象。

图 3-14 所示的幻灯片中显示的原始文字可以通过精简有条理性地展现，并给出最终论点标签，如图 3-15 所示。

图 3-14

图 3-15

如果是具有多观点的文案，可以将小观点提取并排版，将相关的内容放置在一个区域，作为一个视觉单元，让文案更具层次感，给人明显的分类和归属感，这样整体结构看上去就会非常清晰。

图 3-16 所示的幻灯片中只有一篇文字，没有突出重点的元素，会让人没有阅读的兴趣。

图 3-16

经过排版的幻灯片将论点明确地提炼了出来，同时各论点间进行留白处理，结构层次瞬间呈现，如图 3-17 所示。

图 3-17

如果能学会从文案中提取关键信息，并合理地处理为图示效果，则是"跳"出论点的更高级的处理方式。图 3-18 所示为幻灯片中的一段文字，通过图示化的设计可以达到图 3-19 所示的效果，既让观点更加突出，又丰富了版面的布局。

图 3-18

图 3-19

3.2　PPT 视觉的可视化呈现

PPT 视觉呈现的可视化牵涉的范围要更广，文字的排版、逻辑图形、重点内容特殊设计、表格图表等，都可以称为视觉呈现的可视化。总结来说，首先要让文案在语言表达上可视化，然后再利用软件提供的相关功能去设计和排版。因此，逻辑化与视觉化并存是决定一篇 PPT 成败的关键。

3.2.1　突出关键词

前面一再强调提取文案关键点的重要性，那么在提取关键点后，则需要使用一些手段来突出全文的关键字，让观众对这些核心的内容留下深刻印象。看见一张幻灯片时，能否在第一时间获取关键信息在于这张幻灯片的重点内容是否突出。

图 3-20 所示的幻灯片是使用图形反衬文字设计最突出的观点。

图 3-21 所示的幻灯片是使用双引号和大号字设计最突出的观点。

图 3-22 所示的幻灯片是使用超大号字配合图形设计最突出的观点。

图 3-20

图 3-21

图 3-22

总的来说，在幻灯片中常用的突出关键点的方式主要有以下几种。

（1）加大字号，有时会用到超大字体来"点燃"情绪。

（2）变色，颜色是最常用的突出重点的方式。

（3）反衬，图形底衬既能突显文字，又能布局版面。

（4）特殊设计，大号文字设计方案可以用于关键点文字或标题文字。

3.2.2　段落排版

扫一扫，看视频

段落排版如果做到"齐""疏""散"三点，基本排版就合格了，下面对这三点进行详细讲解。

1. 齐

段落排版在对齐方式上有左对齐、右对齐、居中对齐和分散对齐（见图 3-23）。注意：这里说的是一个文本框中文本的对齐，可以是一个段落也可以是多个段落。

智能电子宣传册、地图导航及标注点功能
通过电子宣传册的方式可对博物馆的整体概况、馆内文化、独家藏品、周边商场、超市、学校以及交通等进行展示宣传，提升视觉冲击力、提高宣传效果。
在漫游博物馆的同时使用智能地图系统，便可以随时查找所在博物馆的位置，方便出行参观。

左对齐

智能电子宣传册、地图导航及标注点功能
通过电子宣传册的方式可对博物馆的整体概况、馆内文化、独家藏品、周边商场、超市、学校以及交通等进行展示宣传，提升视觉冲击力、提高宣传效果。
在漫游博物馆的同时使用智能地图系统，便可以随时查找所在博物馆的位置，方便出行参观。

居中对齐

智 能 电 子 宣 传 册 、 地 图 导 航 及 标 注 点 功 能
　　通过电子宣传册的方式可对博物馆的整体概况、馆内文化、独家藏品、周边商场、超市、学校以及交通等进行展示宣传，提升视觉冲击力、提高宣传效果。
　　在漫游博物馆的同时使用智能地图系统，便可以随时查找所在博物馆的位置，方便出行参观。

首行缩进
+
标题分散对齐

图 3-23

左对齐是最常用的对齐方式，适合多文本时使用，是默认的对齐方式；居中对齐和分散对齐适合较少的文本，一般是单行文本，可以增加字符的

间距；右对齐一般是在考虑排版的亲密原则时使用的，将文案靠近它的分类，或靠近它的图形等。下面各举一个例子来直观地体验一下。

图 3-24 所示的标题和英文使用的是居中对齐的方式。

图 3-24

从图 3-25 所示的幻灯片中可以看到，3 个分类标题使用的是右对齐方式。

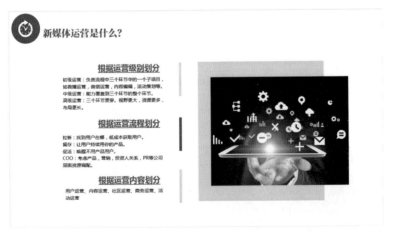

图 3-25

为了加大图 3-26 所示的幻灯片中的英文文本的宽度，先将文本框调整到需要的宽度（见图 3-27），然后执行"分散对齐"命令，如图 3-28 所示。

图 3-26

分散对齐以文本框的宽度为上限，即文本框调整到多宽，它就在该宽度内进行分散。

图 3-27

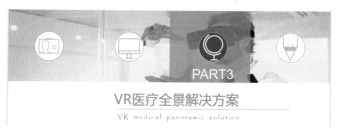

图 3-28

提　示

同一单元格中的段落的对齐非常简单，一般最常用的是左对齐方式，在段首设置一个缩进即可。幻灯片设计中最需要考验的对齐实际是多元素间的对齐，在 3.2.3 小节讲解对齐原则时还会重点介绍。

2.疏

当包含多行文本时，行与行之间的间距比较紧凑，在阅读这样的文本时会很吃力，根据排版要求，一般需要调整行距让行与行之间稀疏一些，缓解文字的紧张压迫感。图 3-29 所示为排版前的文本。

图 3-29

操作步骤

❶ 选中文本，在"开始"选项卡中的"段落"选项组中单击"行距"按钮，在打开的下拉列表中提供了几种行距，本例中选择 1.5（默认为1.0），如图 3-30 所示。

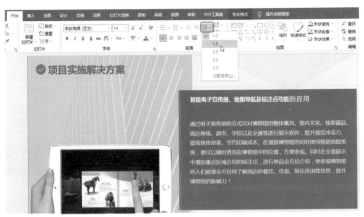

图 3-30

❷ 如果希望使用更加精确的行距，如此处使用 1.5 倍行距感觉小了，使用 2.0 倍行距又感觉大了，则在下拉列表中选择"行距选项"命令，打

开"段落"对话框，可以非常精确地设置行距，如设置为 1.7 倍行距，如图 3-31 所示。

图 3-31

❸ 单击"确定"按钮可以看到应用后的效果如图 3-32 所示。

图 3-32

3. 散

段落打散，简单地说就是将能分类的进行分类，能提取论点的提取论点，让一个笼统的且让人不感兴趣的段落条理化、可视化。

如图 3-33 所示的幻灯片中的文本，是 Word 文本的思维。这里对段落重新进行处理，并提取出关键信息。视觉效果完全不一样了，减轻了读者的阅读负担，使其瞬间能捕捉到关键信息，如图 3-34 所示。

图 3-33

图 3-34

扫一扫，看视频

3.2.3 对齐

对齐原则是平面设计中一条最重要的原则，之所以这么说，是因为在设计任意一张包含多个元素（如多个文本框、多个图形、多个图片）的幻灯片时，无时无刻不在考虑着对齐这件事，可以翻阅查看本书中的所有幻灯片，发现它们基本都会遵循对齐原则。

对齐是一种强调，能增强元素间的结构性。每个元素都应该与页面上的其他元素有某种视觉上的联系，而这个视觉联系往往是看不到却可以感受到的对齐线。在使用多图形时也要遵循对齐原则，切勿只是零乱地放置。

常用的对齐方式有三种：左对齐、右对齐、居中对齐。

图 3-35 所示的幻灯片将多文本元素进行了左对齐，整个视觉非常流畅，并且工整美观。

图 3-35

图 3-36 所示的幻灯片中的右对齐也是常见的对齐方式。

图 3-36

居中对齐让视线迅速聚焦版心，也是常用的对齐方式，如图 3-37 所示。

在完成一张幻灯片的设计时，通常需要多个设计元素，如上面几张幻灯片中使用了多个文本框进行左对齐、右对齐或居中对齐，多个文本框也可以看作多个设计元素。元素的对齐处理在幻灯片的编辑过程中时刻都在进行着，属于幻灯片排版的重中之重，做任何设计首先要有对齐意识。

图 3-37

　　首先来看图 3-38 和图 3-39 所示的两张幻灯片，会发现它们都呈现了非常工整的形态。

图 3-38

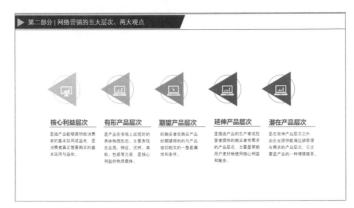

图 3-39

　　这些元素能保持这种对齐效果，单靠手工放置是非常麻烦的，往往也达不到精确的效果。对于精于设计的人来说，无论手工放置的元素看起来多么整齐，他都会用软件的功能再对齐一次。在这种情况下，可以使用"对齐"功能实现快速而又精准的对齐效果。

操作步骤

　　❶ 移动第一个元素和最后一个元素，确定它们在幻灯片中的摆放位置（见图 3-40），本例为纵向的跨度。

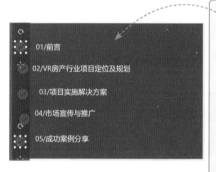

　　为什么先确定第一个元素和最后一个元素的位置呢？

　　因为在进行纵向分布对齐时（横向同理），是以第一个元素和最后一个元素为标的来确定各个元素间的间隔大小的。当执行"顶端对齐"命令时，标的就是最高的那个元素；当执行"底端对齐"命令时，标的就是最低的那个元素。

　　确定了第一个和最后一个位置后，在进行纵向分布时，所有选中的元素会在这个区间内均等地分布。

图 3-40

　　❷ 全选几个元素，在"绘图工具 - 形状格式"选项卡中的"排列"选项组中单击"对齐"下拉按钮，在打开的下拉列表中选择"左对齐"命令（见图 3-41）；保持选中状态，再在"对齐"下拉列表中选择"纵向分布"命令，如图 3-42 所示。

　　经过上面的对齐操作，得到的图形是在纵向方向上保持左对齐，并且几个元素中间的间距也是一样的，如图 3-43 所示。

　　❸ 用相同的方法确定第一个文本框和最后一个文本框的位置，然后全选，同样依次执行以上两步的对齐操作，则可以让小图标元素与本框都做到精准对齐，如图 3-44 所示。

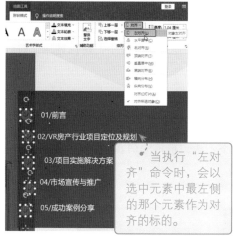

图 3-41

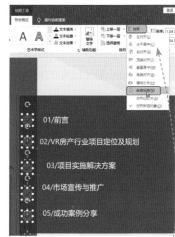

图 3-42

当执行"左对齐"命令时，会以选中元素中最左侧的那个元素作为对齐的标的。

对齐的方式还有很多，有时为了能达到最终的对齐效果，需要进行多次操作。例如，先进行横向的顶端对齐，再进行横向分布等。对于完成对齐的对象，如果要移动位置就一次性选中对象，统一进行移动就会依然保持着对齐的状态。

图 3-43

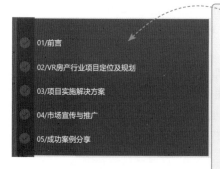

因为排版幻灯片时总要不断地一次性选取多个对象，或者排版好的元素需要一次性移到其他位置，再或者需要将多元素组合成一个对象。所以这里分享一下全选多个元素的小技巧，虽然简单，却非常实用。怎么做呢？将鼠标指针指向待选对象以外的任意空白的位置，按住鼠标左键不放拖动进行框选，框选内的元素就被选中。

图 3-44

提　示

　　由于幻灯片设计的特殊性，文字一般不会以大段大段的形式显示，而是会使用多个文本框来自由地设计文字，因此很多时候可以看到文本都各自拥有自己的文本框，这样移动并精确放置则会更加方便。如图 3-44 所示的幻灯片，如果将这些目录文本放在同一个文本框中，则不便于与前面的图标进行对齐。所以它们都是单独的文本框。

　　关于幻灯片中元素对齐的操作，下面要讲解一些技巧。

　　假如要对齐的对象是多个元素合力设计的一个整体，当全部选中它们，在执行"顶端对齐"命令时（见图 3-45），可能出现如图 3-46 所示的效果，这显然不是所需的。

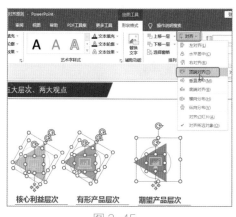

图 3-45

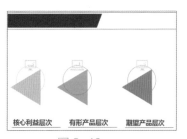

图 3-46

　　这时需要将多个元素一次性选中，再执行"组合"命令（见图 3-47），组合之后，再选中时，有多个设计元素的对象就变为了一个对象（见图 3-48），之后执行对齐操作即可。

　　那么图形下方排列工整的文字又该怎么操作才能高效完成对齐呢？实际上，看似简单的文字也包含了 3 个元素，即标题框、分隔线条和文本框，所以最高效的对齐方式如下。

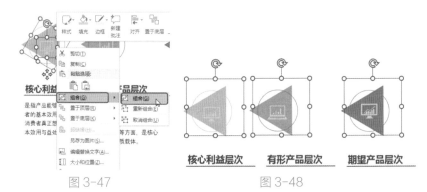

图 3-47　　　　　　　图 3-48

　　首先制作出一个完整的对象，如图 3-49 所示，然后执行"组合"命令（见图 3-50）。接着再进行复制，需要几个就复制几个，如图 3-51 所示。

图 3-49　　　　　　　图 3-50

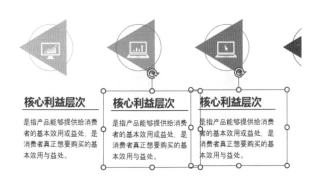

图 3-51

接下来将这些复制得到的对象进行需要的对齐操作（如进行"顶端对齐"与"横向分布"两项对齐），最后再重新修改标题文字及文本框中的文字就完成了。

在拖动一个元素靠近其他元素时，可以发现有横纵向的虚线框出现（见图 3-52），这些虚线框是辅助对象的线条，所以如果只有少量的元素需要对齐，也可以根据出现的虚线框实现对齐。

图 3-52

扩展应用

再看图 3-53 和图 3-54 所示的两张幻灯片，只要涉及多个元素，都能看到对齐排列的效果，所以说对齐是排版的重中之重。

图 3-53

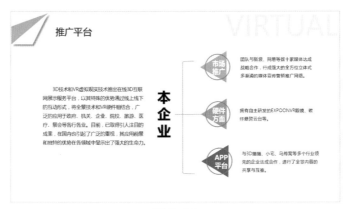

图 3-54

3.2.4　排版的重复性原则

排版的重复性原则是第 2 章中介绍的 PPT 整体性思维的体现，就是重复出现的字体、配色、设计元素等应当保持一致。做到了重复性原则，实际是做到了 PPT 设计中风格统一的要求，将整个 PPT 在视觉上变为一体，可提升画面整体的美学感受。

观察图 3-55 所示的这组幻灯片，能找到许多重复元素，总结如下。

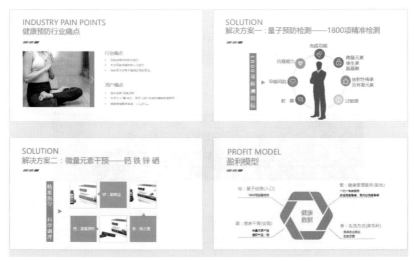

图 3-55

（1）幻灯片标题的文字格式（包括字体、字号、英文搭配的样式）。

（2）主标题下的装饰图形。

（3）统一的背景图。

（4）图形的配色。

（5）幻灯片的辅助图形。

另外，重复性原则也体现在单张幻灯片中，一张幻灯片中的重复元素也可以体现出规范统一的效果。例如，从图 3-55 所示这组幻灯片中拿出最后一张幻灯片来观察，其相同分类标题的格式引导线条都是重复元素，正是这些重复元素让幻灯片整齐美观。

有时为了突出文字，会使用很多字体和颜色，如图 3-56 所示，显然这是不可取的。

图 3-56

3.2.5　排版的对比性原则

对比性原则本质上就是起到一个对重要信息的突出作用，因为有对比就有突出，如果一个元素在群体里面越大、越粗、颜色越明显，那么它可能就越重要。如果页面中字体、颜色、大小、样式、形状等全部相同，在视觉上可能显得过于平淡，缺少了引人注目的焦点。

可以将对比分为三类，一是字体、字号的对比，可以起到突出主体的作用，如文案中需要着重强调的关键词、标题和正文；二是文字颜色的对比（可以起到突出主体的作用）；三是文字颜色与背景颜色的对比（保障字迹清晰、易于阅读）。

图 3-57 所示的幻灯片通过加大字号及改变字体颜色打造视觉上的色差，就极易突出关键字。

图 3-57

图 3-58 所示的幻灯片中的分类标题和正文无对比效果；而在图 3-59 所示的修改后的幻灯片中可以看到，通过对同级标题进行文字格式设置，让文字出现对比效果，重点就能有所突出了。

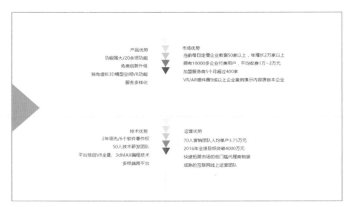

图 3-58

文字在用色方面要考虑背景颜色，浅色背景不用浅色字，深色背景不用深色字。要形成对比，凸显出文字，才能够更清晰地看到关键点。图 3-60 所示的幻灯片中的文字颜色及效果不合格；图 3-61 所示的幻灯片对文字颜色进行了更改，效果达标。

图 3-59

图 3-60

图 3-61

扫一扫，看视频

3.2.6　提升文本的层级感

文本的层级处理实际也是在提升文本的可视化效果，在讲解前面的知识点时，也涉及了文本的层级处理，如最常见的字体、字号的调整，让有些文字突出于其他文字实际就是一种层级处理。图 3-62 所示的幻灯片在层级方面就非常典型，让人阅读起来就很容易抓住重点。

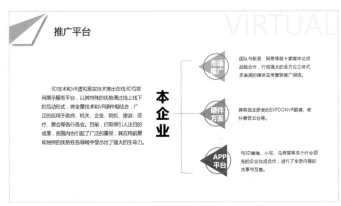

图 3-62

除此之外，还可以使用一些辅助元素来修饰文本，以此来提升文本的层级感与饱满程度，这里讲两个要点。

1. 符号的修饰

符号具有主观能动性，能够更好地表达人作为创作主体的真实意图，同时也能起到装饰文案、均衡空间、提升文案精致感的作用。""符号、"@"符号、"《"符号、"「」"符号等常作为设计元素用于辅助修饰文案。当然这里只是和读者传输一个理念，具体的应用思路还需要在日常操作中尝试、观察，做到得当应用即可。

图 3-63

在图 3-63 所示的幻灯片中，使用了一个较大的单双引号符号修饰文本，起到了视线牵引的作用，同时也提升了文字的层次感。

2. 适当的英文搭配

英文搭配是提升文字层次感的一个重要元素。如果信息量太少，则会因为视觉元素缺失导致画面没有层次感，这时适当地运用英文就能很好地解决此类问题。

图 3-64 所示的幻灯片为原幻灯片，可以看到画面比较单调；而在图 3-65 所示的幻灯片中添加了英文，增加了层次感，让页面不再单调。

图 3-64

图 3-65

英文用来增加画面的层次感，但也要明白它只是一个辅助内容，并不属于最重要的主体信息，因此只能作为次要视觉元素存在。尤其是使用大号英文时，建议至少 30% 的透明度，不宜太明显，起到辅助作用即可。

文字的半透明设置方法也比较简单。选中文字后右击，在弹出的快捷菜单中选择以"设置文字效果格式"命令，打开"设置形状格式"右侧窗格，单击"文本填充与轮廓"按钮，在"文本填充"栏中选中"纯色填充"单选按钮，然后拖动下面的透明度调节钮来进行调节，如图 3-66 所示。

图 3-66

当文字排版缺少对比感且又没有足够的文案填充时，英文就可以起到很好地填充及增加对比感的作用，从而可以有效地避免排版单一、分组太少、缺少层次的现象出现。

图 3-67 所示的幻灯片为原幻灯片，图 3-68 所示的幻灯片为处理后的幻灯片，可以看到，添加了分隔线条和英文后明显让版面更有层次感、更加饱满了。

图 3-67

图 3-68

扩展应用

在如图 3-69 所示的幻灯片中，右上角使用了英文作为衬底设计。图 3-70 所示的幻灯片在标题设计时也使用了英文作为辅助元素。

图 3-69

图 3-70

提　示

对于标题幻灯片，通过排版让文字具有多个层级是重中之重。

由于标题文字一般不会太多，如果单一放置会显得非常单薄，可以先进行分行处理，还可以添加英文、图形、符号、线条等，并将文字错落有致地放置等方式来进行排版。

标题文字的排版是决定一张标题幻灯片成败的关键，细心观察一下不难发现，幻灯片的标题文字虽然不会太多，但成功的设计者会对其进行多层次

的处理，实在无法分行时，还可以采取，总之一定要打造多个层级的效果。

增加文字层级的方式如图 3-71 所示。

图 3-71

扫一扫，看视频

3.2.7　字号大的文字对情绪表达的影响

幻灯片设计中经常使用口号、对比数字、关键词、提问词等特殊文字，用具有设计感的、字号较大的文字会更有视觉冲击力，可以点燃观众的情绪，这种文字设计的要点就是将字号放大并加以设计。

1. 读懂字体的感情色彩

文字在信息传达上有其独特的"表情"，即不同的字体在传达信息时能表现出不同的感情色彩。例如，楷书使人感到有规矩、稳重，隶书使人感到轻柔、舒畅，行书使人感到随和、宁静，黑体字比较端庄、凝重、有科技感等。可以参考图 3-72 所示的几种字体来进行感受。

图 3-72

对于字体的选择，像大标题、宣传语、提炼的关键词等可以有非常多的选择，只要能表达情况、匹配主题即可；而对于正文而言则应当选择非衬线体比较合适，如微软雅黑、思源黑体这些随意搭配的字体。这类字体更具有现代感，在小字号的情况下，笔画细节更加清晰，可以提高识别率和阅读效率。

（1）衬线体：在笔画的开始位置处和结束位置处有衬线的装饰，具有横细竖粗的特征。

宋体就是一种标准的衬线字体，具有古典、传统的感觉，如图 3-73 所示。

（2）非衬线体：横竖笔画粗细统一，结构简单的字体。

常用的微软雅黑、思源黑体等属于非衬线体，非衬线体更具有现代感（见图 3-74），在小字号的情况下也能保障清晰易阅读，常用于正文。

衬线体——宋体
字体的感情色彩

非衬线体——思源黑体
字体的感情色彩

图 3-73　　　　　　　　　　　　　图 3-74

如图 3-75～图 3-77 所示，选用了不同的字体应用于幻灯片，可以感受不同的字体所传达出的不同情感。

图 3-75

图 3-76

图 3-77

在选择字体时可以参考以下几个要点。

（1）在选择字体时，要注意现有传播媒介的既定惯例，尽量使用熟悉的或常用的字体，如果是针对标题或特殊设计的字号较大的文字，也可以将设计好的文字转换为图片进行使用。

（2）正文尽量选择容易辨识的字体，尤其是在文字数量多、字号小的情况下。

（3）不知道选择哪种字体，可以使用微软雅黑、思源黑体这些能随意搭配的字体。

（4）只用 3 种以内的字体来做设计，过多字体会无形中增加观看者识别文字的负担。

2. 让标题更引人注目

针对演示型 PPT，根据设计思路的不同，在标题处理方面可以更加有设计感，让标题更引人注目、更具冲击力。

图 3-78 所示的幻灯片是一个招聘会 PPT 的封面页，标题采用了穿插字的效果并搭配了英文，在设计上别具一格。

图 3-78

操作步骤

❶ 建立两个文本框，分别输入文字"梦"和"有，就去追"，设置两个文本框中文字的字体、字号，其中文字"梦"使用超大字号。

❷ 将"有，就去追"文字移至"梦"文字上，形成穿插放置的效果，选中"有，就去追"文本框并右击，在弹出的快捷菜单中选择"设置形状格式"命令（见图 3-79），打开"设置形状格式"右侧窗格。

❸ 单击"填充与线条"按钮，展开"填充"栏，选中"幻灯片背景填充"单选按钮，如图 3-80 所示。

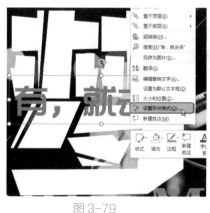

图 3-79

图 3-80

扩展应用

按相同的方法在该 PPT 的其他幻灯片中应用穿插字效果，如图 3-81 所示。注意：这里的英文字母的文本框进行了分散对齐。

图 3-81

3. 制作渐变字

渐变字是利用渐变功能来实现的，但渐变色彩的应用要注意视觉效果，不能是任意色彩的随意变幻。图 3-82 所示的幻灯片中为字号较大的文字应用了渐变效果，时尚且灵动。

图 3-82

操作步骤

❶ 输入文字并设置字体、字号，选中第 1 个文字并右击，在弹出的快捷菜单中选择"设置文字效果格式"命令（见图 3-83），打开"设置形状格式"右侧窗格。

❷ 单击"文字填充与轮廓"按钮，在"文本填充"栏中选中"渐变填充"单选按钮，参数设置如图 3-84 所示，本例使用了两种颜色的渐变，同时对第二个光圈的位置进行了调整。

图 3-83　　　　　　　　　　　图 3-84

❸ 选中"素"字，按相同的方法设置渐变，渐变色彩保持相同，在渐变的角度上进行调整（见图 3-85），此时观察文字，可以看到第 1 个文字从右上角向左下角渐变，第 2 个文字从左下角向右上角渐变。

"形状选项"选项卡用于设置图形的各种格式；"文本选项"选项卡用于设置文字的各种格式。使用时注意要根据应用的对象进行切换。

图 3-85

4. 设计渐隐字

渐隐字是指文字的右侧逐渐隐于背景之中，图 3-86 所示为设计完成的文字效果，这种文字看上去科技感十足，其也是利用渐变的效果实现的。但要注意对光圈位置、颜色选择置的设置。

图 3-86

操作步骤

❶ 输入文字并设置字体、字号，选中文字并右击，在弹出的快捷菜单中选择"设置文字效果格式"命令（见图 3-87），打开"设置形状格式"右侧窗格。

❷ 单击"文字填充与轮廓"按钮，在"文本填充"栏中选中"渐变填充"单选按钮，参数设置如图 3-88 所示，注意两个渐变光圈，第 1 个光圈颜色是文字应显示的主色（如让文字显示为白色），第 2 个光圈是接近背景的深色。第 2 个光圈的透明度为 80%，另外第 2 个光圈需要向右拖动一些，向右拖动的目的是让显示的内容变多，隐藏的内容变少。

图 3-87

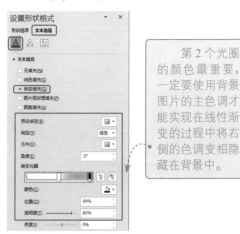

图 3-88

> 第 2 个光圈的颜色最重要，一定要使用背景图片的主色调才能实现在线性渐变的过程中将右侧的色调变相隐藏在背景中。

提　示

实现这种效果要注意各个文字应拥有独立的文本框，否则程序会把一个文本框内的所有文字作为同一个对象进行渐变，则达不到例图中的渐隐效果。当制作完成一个文字的渐变后，只要将其他文字文本框准备好，利用"格式刷"即可快速引用格式，然后再将各个文本框摆列整齐。

扩展应用

下面扩展一个关于文字渐变的特殊的例子。观察图 3-89 所示的幻灯片中的 90%，这个文字的设计意图就是在图示中强调 90% 这个比例，它采用的是从黑色到白色的突然渐变。

图 3-89

接下来讲解它的参数设置。图 3-90 所示为第 1 个光圈的设置，"颜色"为黑色，"位置"为 30%；图 3-91 所示为第 2 个光圈的设置，"颜色"为白色，"位置"为 31%。因为两个光圈的位置只差 0.01，所以呈现效果为从一种颜色突然向另一种颜色进行切换，这是该效果的关键设置。如果位置相差比较大，则会呈现逐步渐变的效果，就无法达到这种硬边缘的效果了。

图 3-90

图 3-91

5.制作描边字

学习了渐隐字，接着沿用上面的例图来制作描边字。图 3-92 所示为设计完成的文字效果，也同样具有满满的科技感。

图 3-92

操作步骤

❶ 复制文字，并稍微放大字号，在文字上右击，在弹出的快捷菜单中选择"设置文字效果格式"命令（见图 3-93），打开"设置形状格式"右侧窗格。

❷ 单击"文字填充与轮廓"按钮，在"文本填充"栏中选中"无填充"单选按钮（见图 3-94），切换到"文本轮廓"栏中，选中"实线"单选按钮，设置线条的"颜色"与"宽度"，如图 3-95 所示。完成设置后得到只有边框无填充的文字，如图 3-96 所示。

❸ 选中原文字，右击，在弹出的快捷菜单中选择"置于顶层"命令，然后移动两个文本框，让它们基本保持重叠，稍稍错位，就体现出描边的效果了，如图 3-97 所示。

❹ 按相同的方法逐一制作其他文字。

图 3-93

图 3-94

图 3-95

图 3-96

图 3-97

由于只有框线的文字是后来制作的，它默认是浮在原文字上方的，所以需要先选中原文字，然后执行"置于顶层"命令。

> **提 示**
>
> 关于描边，有的读者可能会问是否可以直接为文字添加边框线，答案是肯定的但其效果无法呈现立体感。读者可以尝试设计并对比效果。

扩展应用

如图 3-98 所示的幻灯片，如果将这样的字体处理为描边字，也可以呈现出非常独特的视觉效果。对于这种文字效果，制作宗旨是两字叠加。对于其他应用效果，读者可以多做尝试与设计。

图 3-98

6. 斜切阴阳字

斜切阴阳字的设计思路是将文字切成拼接的两个部分，可以为它们分别设置不同的颜色，使其具有时尚感与设计感。图 3-99 所示为设计完成的斜切阴阳字效果。

图 3-99

操作步骤

❶ 输入文字并设置字体、字号。接着绘制一个很细的矩形，并旋转为图 3-100 所示的样式放置在文字上。

❷ 先选中下面的文字框再选中绘制的矩形，在"绘图工具 - 形状格式"选项卡中的"插入形状"选项组中单击"合并形状"按钮，在打开的下拉列表中选择"拆分"命令（见图 3-100），可以看到文字被拆分为很多个小图形，如图 3-101 所示。

图 3-100

❸ 依次选中交叉处所有不需要的小图形，将它们删除，得到的文字如图 3-102 所示。

图 3-101

图 3-102

❹ 根据设计需要将下半部分的图形设置为另一种颜色，也可以为任意一个部件进行跳色处理，如图 3-103 所示。

图 3-103

扩展应用

　　按类似的方法，配合图形并使用"合并形状"功能可以制作更多创意文字。读者可以思考一下图 3-104 所示的文字是如何实现。

图 3-104

> 制作思路参考：使用一个波形图形半压住文字，先选中文本框再选中图形，执行"剪除"命令得到上半部分；先选中文本框再选中图形，执行"相交"命令得到下半部分。将二者拼接变色即可。

7. 创意变形字

　　创意变形字的设计非常考验设计思路，沿用上面的例子来设计，图 3-105 所示为设计完成的文字效果。这样的文字设计感十足，具体采用什么形式来展现的，下面将进行详细讲解。

图 3-105

操作步骤

　　❶ 输入文字并设置字体、字号，在文字旁绘制任意一个图形，先选中文本框再选中该绘制图形，在"绘图工具 - 形状格式"选项卡中的"插入形状"选项组中单击"合并形状"下拉按钮，在打开的下拉列表中选择"拆分"命令（见图 3-106），这时文字被拆分为很多个独立的小图形，如图 3-107 所示。

图 3-106

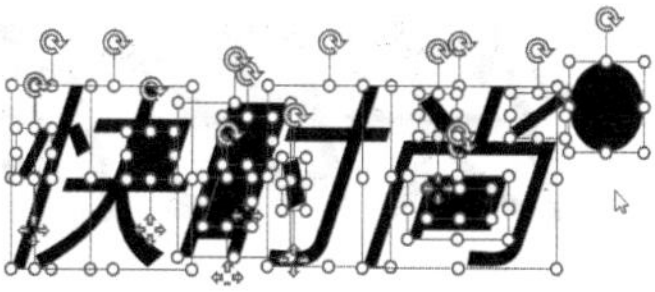

图 3-107

❷ 将所有不需要的小图形删除（见图 3-108），然后使用小三角形来作为笔画装饰文字，这时文字显示为图 3-109 所示的样式。

图 3-108

图 3-109

❸ 在"时"这个图形的右侧右击，在弹出的快捷菜单中选择"编辑顶点"命令（见图 3-110），这时图形上出现了多个控点（见图 3-111），这些控点是可以拖动编辑的，向右拖动底部拐弯处控点（见图 3-112），释放鼠标后可以看到图形已经变形，如图 3-113 所示。

图 3-110

图 3-111

图 3-112

图 3-113

❹ 在"尚"这个图形上右击，在弹出的快捷菜单中选择"编辑顶点"命令，按相似的方法对顶点进行编辑（见图3-114），从而改变文字的造型，如图3-115所示。

图 3-114　　　　　　　　　图 3-115

❺ 在文字上添加一些其他图形进行补充装饰，形成极具设计感的文字，如图3-116所示。

图 3-116

扩展应用

按类似的拆分方法还可以删除文字中的一些完整笔画或部分笔画，而使用一些形象的图形来代替，做出更多创意文字，如图3-117和图3-118所示。

图 3-117　　　　　　　　　图 3-118

3.3　常用的版式参考

版式设计是PPT设计的重要组成部分，如何将图片、图形、文字等元素在一张幻灯片中呈现出合理的、清晰的、好看的效果，十分考验对版面的布局能力。好的PPT布局最主要的是可以清晰有效地传达信息，同时还能让观众有愉悦的体验感。但采用什么样的版式布局才能制作出优秀的 PPT 呢？下面提供几种最常见的 PPT 版式，希望读者能从中学到布局的方法及思路。

扫一扫，看视频

3.3.1　轴心式排版

轴心式排版也称居中布局，顾名思义，就是将整体视觉布局以居中的方式呈现，将需要突出的内容放在页面的中轴线上，有重心稳定的特点。无论是封面页、目录页，还是正文页，这种版式都是用得最多的一种版式。下面给出几张幻灯片用于启发读者的设计思路，如图 3-37 和图 3-119～图 3-121 所示。

图 3-119

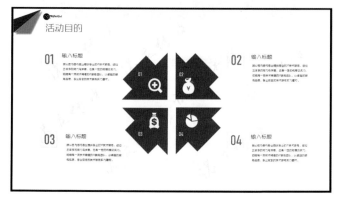

图 3-120

图 3-121

3.3.2　左右排版

当页面有多个内容单元时，可使用左右排版方式呈现，这也是平面设计中最常见的一种排版方式，两个版块分别展示不同的内容，干净整洁。如果 PPT 中有图文、图表、文表或两个并列的内容，用左右排版最合适不过了。下面给出如图 3-122～图 3-125 所示的用于启发读者的设计思路。

图 3-122

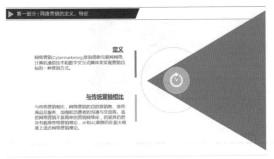

图 3-123

图 3-124

图 3-125

扫一扫，看视频

3.3.3　上下排版

上下排版和左右排版类似，上下排版是将整个页面分为上下两个版块，在上半部分或下半部分配图片或色块（可以是单张或多张），另一部分则配置文字，让整个版面活跃不单调。下面给出如图 3-126～图 3-129 所示幻灯片用于启发读者的设计思路。

图 3-126

图 3-127

图 3-128

图 3-129

图片与图形的处理

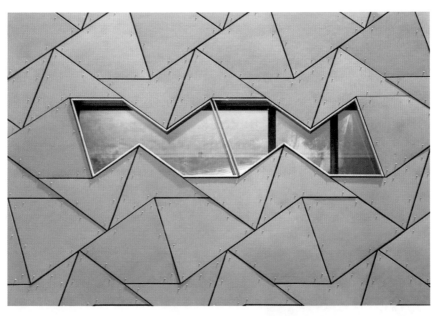

没有画面的 PPT 是干瘪苍白的，
图片与图形使用得恰当，
可使 PPT 更具美感。

4.1　获取图片

众所周知，在幻灯片的设计过程中离不开图片的参与，图片是提升幻灯片可视化效果的核心元素，使用精美的图片可以在很大程度上提升幻灯片的视觉效果，本节带领读者学习如何寻找满足要求的图片，以及了解图片辅助页面排版的一些具体思路。

4.1.1　下载图片

扫一扫，看视频　　　寻找更有表现力的图片也是幻灯片制作过程中的重要工作之一。对于幻灯片中单张使用的图片，最基本的要求是高清并且没有水印。如果有更高一些的要求，就是要拥有配图能力，应用符合当前幻灯片内容的意境图，从而能使观众在脑海中快速构建一个精美的画面。

图 4-1 所示的图片是与电子商务有关的主题图片，应用于相关主题的幻灯片中就非常有代入感，如图 4-2 所示。

图 4-1　　　　　　　　　　　　　　图 4-2

图 4-3 所示的图片表达出勤俭节约的主题，当幻灯片的结构布局安排好后，则可以轻松地应用图片，如图 4-4 所示。

图 4-5 所示的图片道路伸向远方且是日落时分，用这张图片来设计一张结尾幻灯片非常贴切，如图 4-6 所示。

说到寻找图片，可能使用得最多的就是百度图库、360 图库等，这些网站虽然提供了丰富的图片资源，但类型杂乱，整体质量不是很高，无形中耗费了更多的时间成本，甚至有些图片用到幻灯片中还达不到清晰、美观等方面的要求。因此建议在一些专业图库网站上寻找高质量图片。

图 4-3　　　　　　　　　　　　　　图 4-4

图 4-5　　　　　　　　　　　　图 4-6

下面给读者推荐几个资源网站，以做参考。

1. Pixabay

Pixabay 网站的首页如图 4-7 所示。

图 4-7

Pixabay 是一个非常好用的免费图片综合性网站，集照片、插画、矢量图于一体，种类很丰富。另外，其对外宣传可以用在任何地方，并且无版权、可商用。最关键的是支持中文搜索，可以筛选不同类型的资源（见图 4-8），下载时还可以选择尺寸（见图 4-9）。

图 4-8

图 4-9

2. Pexels

Pexels 网站的首页如图 4-10 所示。

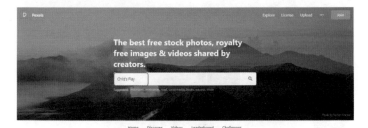

图 4-10

Pexels 网站提供众多的免费高清素材，图片很精美，最关键的是个人和商用都是免费的。该网站需要英文关键词搜索，不支持中文，但这些不是关键，对于英文不是很好的用户，可以先确定中文关键词，再通过翻译软件进行翻译。图 4-11 所示为关键词 Child's Play 的搜索结果。

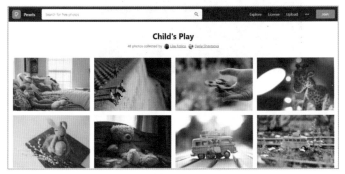

图 4-11

3. Magdeleine

Magdeleine 网站的首页如图 4-12 所示。

图 4-12

在 Magdeleine 网站上可分类查找图片（如风景、人物、动物、食物、建筑等），无须注册登录就可以直接下载。并且打开图片时可以显示该图片的配色方案，如图 4-13 所示。

图 4-13

扫一扫，看视频

4.1.2　无背景的 PNG 格式图片

在 PPT 中除了常用的 JPG 格式图片外，还有一种格式的图片十分常用，即 PNG 格式图片。PNG 格式图片一般被称为 PNG 图标。PNG 图标具有商务风格，与 PPT 风格较接近，通常作为 PPT 里的点缀素材，很形象，也很好用。

PNG 格式图片有以下 3 个特点。

（1）清晰度高。

（2）背景一般透明。

（3）可以与背景很好地融合且文件较小。

下面给读者推荐几个 PNG 格式图片的资源网站，以做参考。

1.觅元素网

觅元素网的首页如图 4-14 所示。

图 4-14

　　觅元素网提供"免抠元素"分类主题（见图 4-15），也可以输入关键字，单击"搜元素"按钮进行搜索。

图 4-15

目前在觅图网上每天最多下载 5 张免费的 PNG 素材。

2. pngimg

pngimg 网的首页如图 4-16 所示。

　　pngimg 这个网站最大的特点就是分类细致详细，方便查找，可以分类搜索或者根据关键词首字母搜索。网站提供海量免费的矢量图，全部是无背景的图片素材，满足 PNG 无背景配图的需要。

图 4-16

扫一扫，看视频

4.1.3　图标的应用

　　图标一直是 PPT 设计中不可或缺的设计元素。通过小图标的使用，一般可以达到修饰文字或版面的作用，另外有时搭配图标也可以更形象地展现文本内容。

阿里巴巴矢量图标库基本可以满足大部分用户对小图标的应用要求。

阿里巴巴矢量图标库网站首页如图 4-17 所示。

图 4-17

通过分类可以查看到多种类型的图标（见图 4-18），其类型齐全、数据丰富，而且都是可以免费下载的。

图 4-18

另外，在 PowerPoint 2019 版本中，微软其实也提供了图标库，图标库中细分出很多常用的类型，方便查找使用。

图 4-19 所示为将图标应用于幻灯片中的效果。

图 4-19

操作步骤

❶ 在"插入"选项卡中的"插图"选项组中单击"图标"按钮（见图 4-20），打开"插入图标"对话框。

图 4-20

❷ 在左侧的列表中可通过分类找到目标图标，选中图标，如图 4-21 所示。

这里可以看到众多分类，可以切换查看并选择使用。

图 4-21

❸ 单击"插入"按钮即可插入图标，如图 4-22 所示。

❹ 可以将插入的图标任意填充为需要的颜色。将图标调整到合适的大小并移到合适的位置上，在"图形工具 - 图形格式"选项卡中的"图形样式"选项组中单击"图形填充"下拉按钮，在打开的下拉列表中可以重新选择颜色，如图 4-23 所示。

图 4-22

图 4-23

在前面的小节中已经讲解了图片的来源以及一些应用思路，但是若想将图片更加贴合地应用于幻灯片，还需要懂得很多图片处理的方法，因为再美观的图片，只有以最合适的样式去应用才是设计者所需要的。

4.2　图片的编辑技巧

4.2.1　自由裁剪图片

扫一扫，看视频

在前面的章节中多次提到了关于裁剪的操作，这个操作在图片的处理过程中虽然简单，但使用频率极高。

图 4-24 所示的幻灯片使用的是原图，而对图片进行裁剪后的应用效果如图 4-25 所示。

图 4-24

图 4-25

操作步骤

❶ 选中图片，在"图片工具-图片格式"选项卡中的"大小"选项组中单击"裁剪"按钮，此时图片中会出现 8 个裁切控制点，如图 4-26 所示。

图 4-26

❷ 使用鼠标拖动相应的控制点到合适的位置即可对图片进行裁剪。这里准备裁剪图片左右部位，所以将鼠标光标定位到右边的控制点上，向左边拖动鼠标，如图 4-27 所示。

图 4-27

❸ 拖动左边的控制点到合适的位置（见图 4-28），释放鼠标，此时控制点点内为保留区域。

拖动拐角控制点可以实现同时从横向和纵向进行调整。

图 4-28

❹ 在图片以外的任意位置上单击即可完成图片的裁剪。

提 示

当通过控制点确定想要保留的宽度后，还可以将鼠标指针指向图片中进行拖动，以重新确定想保留的范围。

扫一扫，看视频

4.2.2 为图片裁剪其他形状的外观

除了可以自由地裁剪图片外，还可以将图片裁剪为其他形状的外观，即让默认的以正方形或长方形显示的图片转换为其他形状外观。在幻灯片的排版设计过程中，这个操作也是非常必要的，合理的运用可以让版面更具设计感。

在将图片裁剪为任何形状外观的过程中，有一些重要的知识点，在本小节中将教会大家如何去处理。

将图片插入幻灯片中，这里直接进行转换。选中图片，在"图片工具 - 图片格式"选项卡中的"大小"选项组中单击"裁剪"下拉按钮，在打开的下拉列表中选择"裁剪为形状"→"等腰三角形"命令（见图 4-29），得到的图形如图 4-30 所示。

图 4-29　　　　　　　　　　　　　　　图 4-30

　　当前的图片仍然保持着原图的高度与宽度，只是改变了形状，而这里所需的图片要与幻灯片同高，但宽度不合适，那该怎么办呢？直接将图片拉高调窄吗？显然这样会造成图片变形失真。所以幻灯片在裁剪为图形前一定要先进行大小的裁剪，将图片裁剪为需要的尺寸，即让图片的高度与宽度与最终要使用的尺寸保持相同。

　　首先将图片调整到与幻灯片等高，接着执行"裁剪"命令，通过拖动控制点将图片调节到需要的宽度，如图 4-31 所示。

　　接着执行"裁剪"→"裁剪为形状"→"等腰三角形"命令，就能得到需要的图形，应用于幻灯片中的效果如图 4-32 所示。

图 4-31　　　　　　　　　　　　　　　图 4-32

　　下面再举一个例子，默认图片如图 4-33 所示。想实现的效果是将图片以直角三角形的样式置于左下角，并且横纵尺寸都正好符合幻灯片的宽度与高度。如果直接裁剪为"直角三角形"图形样式，可以保证一条边符合要求，但另一条边不一定符合要求，如图 4-34 所示。

图 4-33　　　　　　　　　　　　　图 4-34

可以先选中图片，在"裁剪"下拉列表中选择"纵横比"→"16∶9"命令（见图 4-35），这时图片进入裁剪状态，可以保持默认，也可以拖动图片确定所需的区域，如图 4-36 所示。

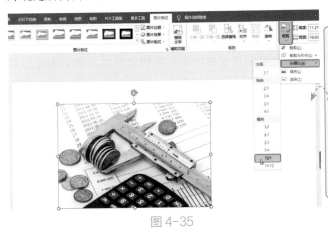

图 4-35

因为宽屏幻灯片默认的横纵比例就是 16∶9，这样裁剪后，当再次裁剪为"直角三角形"时，通过等比例扩大尺寸就可以恰好符合幻灯片的宽度与高度。

图片处理好后，再执行裁剪为直角三角形的操作，然后等比例放大就可符合幻灯片的宽度与高度要求。应用于幻灯片中的效果如图 4-37 所示。

图 4-36　　　　　　　　　　　　　图 4-37

4.2.3 将图片裁剪为正多边形

扫一扫，看视频

图片可以直接裁剪为很多形状，但如果要裁剪为一些正多边形，如正圆形、正三角形等，除非图片本身是正方形，否则得不到正多边形。因为前面已经说过，原图片被裁剪为各种形状的图片后依然保持着原图片的高度与宽度，只是图片形状发生了变化。因此要完成这种要求的裁剪，则需要在裁剪前进行裁剪为正方形的操作。

例如，想将几张小图片统一裁剪为正圆形的外观，可是进行默认裁剪后却呈现出图 4-38 所示效果。

图 4-38

显然预期的效果不是这样的，而是需要图片能保持一致的正圆形，如图 4-39 所示。

图 4-39

操作步骤

❶ 选中图片，在"图片工具-图片格式"选项卡中的"大小"选项组中单击"裁剪"下拉按钮，在打开的下拉列表中选择"纵横比"→"1：1"命令。根据需要拖动图片，重新确定要保留的区域，如图4-40所示。

图4-40

❷ 按相同的方法操作其他图片，将它们都裁剪为正方形。同时选中四张图片，在"图片工具-图片格式"选项卡中的"大小"选项组中设置相同的高度值和宽度值，从而将这几张图片调整为相同的尺寸，如图4-41所示。

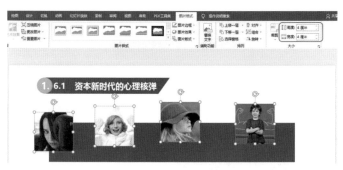

图4-41

❸ 保持选中状态，在"裁剪"下拉列表中选择裁剪为"椭圆形"的操作，这时可以看所有图片变为正圆形，如图4-42所示。

图4-42

❹ 移动第一张图片和最后一张图片，确定它们在幻灯片中的摆放位置，接着全选图片，在"图片工具 - 图片格式"选项卡中的"排列"选项组中单击"对齐"下拉按钮，在打开的下拉列表中选择"顶端对齐"命令（见图 4-43）；接着在"对齐"下拉列表中选择"横向分布"命令（见图 4-44）。得到的图形是在水平方向保持精确的对齐，并且四张图片中间的间距也是一样的，如图 4-45 所示。

图 4-43

图 4-44

图 4-45

> **提　示**
>
> 　　关于对齐操作的重要性，在第 3 章中已经进行了反复的强调，因此做任何设计时都要培养对齐意识。为了能实现工整的对齐效果，有时需要进行多步操作，虽然用文字描述很烦琐，但是掌握了正确的方法后，操作起来却十分简单。

扩展应用

　　在图 4-46 所示的幻灯片中，需要将右下角的正三角形先裁剪下来。

　　思考一下，这张图片裁剪后是图 4-47 所示的样式，那么如何变为效果图那样呢？

图 4-46

图 4-47

扫一扫，看视频

4.2.4　应用线条统一多图片外观

　　沿用上面的例子，为了能更加清晰地界定各张图片的边界，还可以为图片添加统一的线条边框，这也是统一多图片外观最常用的一个做法。

　　图 4-48 所示的幻灯片为几个正多边形样式的图片添加了统一的表现边界的边框。

图 4-48

操作步骤

一次性选中几张图片，在"图片工具 - 图片格式"选项卡中的"图片样式"选项组中单击"图片边框"下拉按钮，在打开的下拉列表中选择颜色，即添加了该颜色的边框，如图 4-49 所示。

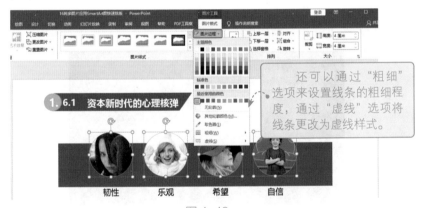

图 4-49

扩展应用

在图 4-50 所示的幻灯片中，虽然图片大小不一，并且没有按固定的对齐方式去对齐放置，但这样的设计也独具特色，而且能表现出规范、整齐和协调，这得力于统一的外观样式。

图 4-50

扫一扫，看视频

4.2.5　创意裁剪图片

　　创意裁剪图片是指将图片裁剪为"形状"列表中所没有的外观样式，要用这样的裁剪方式来设计幻灯片，其设计思路是，先将所需的创意图形制作出来，然后使用图片进行填充，因此得到的创意图片实际是图形与图片二者相配合的结果。

　　例如，图 4-51 所示的幻灯片中使用的是进行创意裁剪后的图片。

图 4-51

操作步骤

　　❶ 在幻灯片中放置多个正方形，布局为如图 4-52 所示的造型。

　　❷ 一次性选中多个图形，右击，在打开的快捷菜单中选择"组合"→"组合"命令（见图 4-53），这时多个图形被合并成一个图形，如图 4-54 所示。

图 4-52

图 4-53

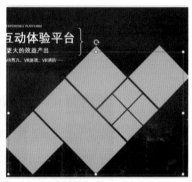

图 4-54

❸ 将要使用的图片插入一个空白幻灯片中，并按 Ctrl+C 组合键将其复制到剪贴板中。然后选中合并后的图形，打开"设置图片格式"右侧窗格，在"填充"栏中选中"图片和纹理填充"复选按钮，接着单击下面的"剪贴板"按钮（见图 4-55），则可以将图片填充到组合后的图形中，可达到创意裁剪的目的，如图 4-56 所示。

图 4-55

图 4-56

❹ 为创意图片添加边框以增加其美观程度。选中图片，在"图片工具-图片格式"选项卡中的"图片样式"选项组中单击"图片边框"下拉按钮，在打开的下拉列表中选择颜色（见图 4-57），就添加了该颜色的边框。

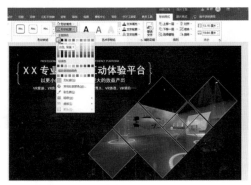

图 4-57

扩展应用

图 4-58 所示的幻灯片中的设计也是创意图片的范例，仍然是先使用图形进行造型，再使用图片进行填充。

图 4-58

4.2.6　制作局部突出的效果

扫一扫，看视频

局部突出的效果是一种图片的突出处理效果，可以让图片的局部呈现放大、突出显示的效果。图 4-59 所示的图片为原图片，图 4-60 所示的图片为设置了局部突出效果的。

图 4-59

图 4-60

操作步骤

❶ 在图片上绘制一个椭圆形。先选中图片，再选中椭圆形，在"绘图工具 - 形状格式"选项卡中的"插入形状"选项组中单击"合并形状"下拉按钮，在打开的下拉列表中选择"相交"命令（见图 4-61），得到如图 4-62 所示的剪切效果。

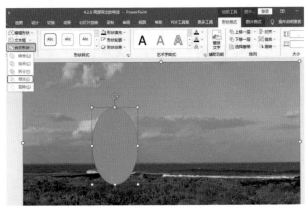

图 4-61

图 4-62

❷ 将裁剪后得到的图形覆盖到原图的相同部位，在"图片工具 - 图片格式"选项卡中的"图片样式"选项组中选择"金属椭圆"边框，如图 4-63 所示。

图 4-63

扩展应用

通过对图 4-64 所示的图片进行局部突出的处理之后，其突出效果也非常明显（见图 4-65）。

图 4-64

图 4-65

4.2.7　多图拼接

扫一扫，看视频

在前面的一些范例中，接触过一些在幻灯片中使用多图的范例，使用多图时的原则就是保持外观的统一和要依据一定的对齐规则，这两点是非常重要的。那么如果是大小不一的图片，该如何合理地进行拼接呢？

如果使用三张图片，常用的拼接样式如图 4-66 所示。

如果使用四张图片，常用的拼接样式如图 4-67 所示。

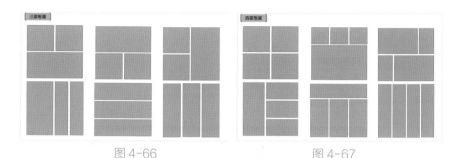

图 4-66　　　　　　　　　　　图 4-67

如果使用五张图片，常用的拼接样式如图 4-68 所示。

图 4-68

根据上面的样式可以实现多图拼接，但这牵涉到图片的多步裁剪、对齐等操作，这些操作可以实现，但会花费较多时间。例如，在图 4-69 所示的幻灯片中插入了几张初始的图片，可以看到图片的高度和宽度都不一致，如果要完全裁剪到一致的大小或统一的外观（如达到如图 4-70 所示的效果），是需要经过多步操作才能实现的。在 PPT 中有一个"图片版式"功能，它可以迅速统一图片的外观，在应用后只要稍做修改一般即可满足设计需求。

图 4-69

图 4-70

操作步骤

❶ 将所有图片插入幻灯片中并同时选中，在"图片工具 - 图片格式"选项卡中的"图片样式"选项组中单击"图片版式"下拉按钮，在打开的下拉列表中可以选择需要的版式，如图 4-71 所示。

图 4-71

❷ 这里选择"图片题注列表"版式，其应用效果如图 4-72 所示。

❸ 选中转换后的图片，右击，在弹出的快捷菜单中选择"转换为形状"命令（见图 4-73），这时图片就转换为一个组合（见图 4-74），然后就可以进行编辑了。

图 4-72

图 4-73

这时的图形还是一个组合状态，可以右击，在弹出的快捷菜单中选择"取消组合"命令，原来图示中不需要的一些元素都可以删除了，只保留需要的即可。

图 4-74

❹ 在完成编辑后，还可以快速改变图片的形状。例如，选中四张图片，在"绘图工具 - 形状格式"选项卡中的"插入形状"选项组中单击"编辑形状"下拉按钮，在打开的下拉列表中将形状更改为"平行四边形"（见图 4-75），可以观察到图片的外观已被更改，但仍然大小统一、工整美观，如图 4-76 所示。

图 4-75

图 4-76

扩展应用

　　若换一种设计思路，仍然使用"图片版式"功能来快速统一图片的外观，也可以达到如图 4-77 所示的效果。

转换后如果感觉图片整体偏小，也可以一次性调整，选中图形，按住 Shift 键不放，将鼠标指针指向图片两条边的交点向外拖动，即可保证等比例放大。

图 4-77

4.3 背景图片的处理技巧

4.3.1 裁剪背景图片

扫一扫，看视频

当寻找到适合作为背景的图片后，但其横纵比例不一定恰巧吻合幻灯片的大小，即使通过横向或纵向的裁剪，但是多次裁剪后也不一定能正好铺满全屏，这时有一个裁剪方式就是专门为裁剪背景图片而设计的。

操作步骤

❶ 插入图片后，选中图片，在"图片工具 - 图片格式"选项卡中的"大小"选项组中单击"裁剪"下拉按钮，在打开的下拉列表中执行"纵横比"→"16：9"命令，如图 4-78 所示。

根据图片的使用场合不同，还可以按相同的方法将图片处理为其他比例，如处理为正方形、等边矩形，处理方法都是一样的。

图 4-78

❷ 此时程序会根据当前图片的尺寸来确定要被裁剪的区域，保持本色的是保留区域，灰色半透明的是即将被裁剪的区域（见图 4-79），如果感觉默认的保留区域比较合适，可以直接在图片外任意位置单击确定裁剪。如果感觉不合适，还可以拖动图片，重新确定要保留的区域。

图 4-79

❸ 拖动图片的两条边的交点，拉至全屏，就能保持图片不变形的情况下铺满全屏，如图 4-80 所示。

图 4-80

扫一扫，看视频

将图片作为背景时，如果已经在上面编辑了其他元素，在添加背景后可以右击选择"置于底层"命令。

4.3.2 为背景图片添加蒙层

如果作用于背景的图片的整个画面中没有明显的视觉中心和非视觉中心，这时在上面写文案会让文字不够突出，主体不够突出，会造成阅读干扰。这种情况下为图片添加蒙层的处理是最常见的一种处理方式。

1. 全屏半透明蒙层

图 4-81 所示的幻灯片使用的是原图，虽然色彩相对暗淡柔和，但仍然与其他设计元素有些冲突；而在图 4-82 所示的幻灯片中，已经进行了添加蒙层的处理，其显示效果则更加贴合了。

图 4-81

图 4-82

操作步骤

❶ 在图片上绘制一个与幻灯片大小相同的图形，选中图形，在图形上右击，在弹出的快捷菜单中选择"设置形状格式"命令（见图 4-83），打开"设置形状格式"右侧窗格。

图 4-83

作为蒙层的图形一定要保持在图片的上方，其他元素的下方。可以在绘制后，一次性选中页面上的其他元素，右击，执行"置于顶层"命令。

❷ 在"填充"栏中更改颜色与透明度，如图 4-84 所示。经过处理，就在图片上添加了蒙层，如图 4-85 所示。

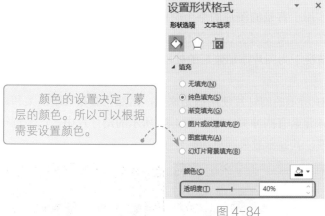

颜色的设置决定了蒙层的颜色。所以可以根据需要设置颜色。

图 4-84

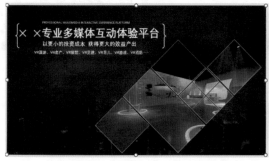

图 4-85

扩展应用

　　添加蒙层实际上就是在图片上添加一个图形，并将图形处理为半透明的状态。这种蒙层的处理方式在幻灯片制作过程中也是非常常用的。例如，在图 4-86 所示的幻灯片中使用蒙层遮挡用于书写文字；在图 4-87 所示的幻灯片中使用蒙层来创意底图。

图 4-86

图 4-87

2. 渐变蒙层

　　如果不想整个背景图片都被蒙层遮挡，可以使用渐变图形来进行部分遮挡，从而实现在突出文字的同时不干扰图片的显示。

　　图 4-88 所示的幻灯片中使用的是原图，在图 4-89 所示的幻灯片中使用了一个图形并设置渐变填充，可以看到右上角位置有蒙层遮挡，而图片的其他区域仍然清晰显示。

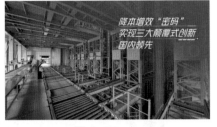

图 4-88 图 4-89

操作步骤

❶ 在背景上绘制一个与幻灯片大小相同的矩形，打开"设置形状格式"右侧窗格，单击"填充与线条"按钮，在"填充"栏中选中"渐变填充"单选按钮。

❷ 参数设置如图 4-90 和图 4-91 所示，注意 3 个渐变光圈使用背景图片中的主色调（可以用取色器拾取颜色），第 2 个光圈的透明度为 15%，第 3 个光圈的透明度为 100%，把光圈的位置适当向前移，这样让图片右下角的区域处于无遮挡的状态，如图 4-92 所示。

文字在右上角位置，表示这一块是需要遮挡的，因此渐变方向可以选择为"线性对角、右上到左下"。在应用这种方法时，需要根据文字的位置选择渐变的类型和方向。

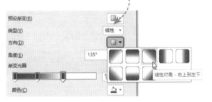

图 4-90 图 4-91 图 4-92

扩展应用

也可以使用图形遮挡来创造文字书写区域，如图 4-93 所示的设计效果。

图 4-93

4.3.3　背景图片的磨砂玻璃效果

扫一扫，看视频

如果想直接在背景图片上书写文案，但图片中没有明显的留白区域，这时可以将图片处理为模糊的磨砂玻璃效果。这种效果是通过设置图片的艺术格式来实现的。

图 4-94 所示的幻灯片中使用的是原图，图 4-95 所示的幻灯片中的图片为虚化后的应用效果。

图 4-94

图 4-95

操作步骤

❶ 在图片上右击，在弹出的快捷菜单中选择"设置图片格式"命令，打开"设置图片格式"右侧窗格，单击"效果"按钮，在"艺术效果"栏中选择"虚化"效果，如图 4-96 所示。

❷ 将"半径"设置为 25（用于控制模糊程度，可以边设置边查看），如图 4-97 所示。

其他的艺术效果都可以视情况选择使用，只要应用得当都是最好的选择。

图 4-96

图 4-97

扩展应用

　　利用虚化的艺术效果还有其他应用思路，如图 4-98 所示的幻灯片，视觉感受是上下部分是原图，只有中间部分是虚化效果，这是怎么实现的呢？

　　复制图片，将两张图片完全重叠，利用"裁剪"功能将图片上下裁剪，只保留中间部分，然后设置裁剪后的图片为虚化效果（两条白色线条是后面补充绘制的）。

图 4-98

4.3.4　制作水印背景

扫一扫，看视频

在工作汇报、咨询报告、企业介绍等 PPT 中，使用合适的
水印背景可以让画面低调、稳重而又不失内涵。PPT 中未提供
水印功能，但可以使用文字排版的方式变向实现水印效果。

操作步骤

❶ 在一张空白幻灯片中输入文字，设置合适的字体，颜色选择浅灰
色，旋转并复制进行合理放置，选中所有文本框，右击，在弹出的快捷菜
单中选择"组合"→"组合"命令，如图 4-99 所示。

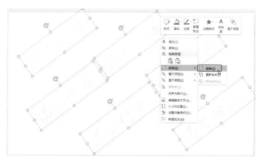

图 4-99

❷ 选中组合后的对象，按 Ctrl+X 组合键剪切，在"开始"选项卡中
的"剪贴板"选项组中单击"粘贴"下拉按钮，在打开的下拉列表中选择
"选择性粘贴"命令（见图 4-100），打开"选择性粘贴"对话框，选择"图
片（增强型图元文件）"选项，如图 4-101 所示。

图 4-100

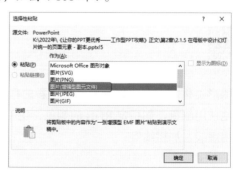

图 4-101

❸ 单击"确定"按钮将图形转换为图片，如图 4-102 所示。

图片也可以保存起来像普通图片一样使用，在转换后的图片上右击，在弹出的快捷菜单中选择"另存为图片"命令进行保存。

图 4-102

❹ 将制作好的水印图片放置在幻灯片的底部即可制作出水印效果，如图 4-103 所示。

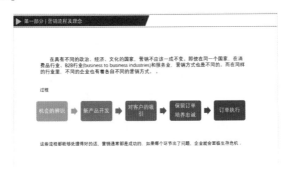

图 4-103

4.4　图形编辑及美化

4.4.1　精细化颜色与边框线条

图形美化时，有些设计方案对色彩的精确度要求很高，这时可以更加精细地使用颜色，如指定 RGB 的颜色、使用渐变色等；同时线条设置也可以使用虚线、加粗线等。

1. 自定义填充色彩

可以在"形状填充"下拉列表中选择"其他填充颜色"命令，打开"颜色"对话框，在"标准"选项卡中有按渐变方式排序的色块（见图 4-104），可以按需要选择。切换到"自定义"选项卡，可以直接输入 RGB 值来确定颜色，如图 4-105 所示。

图 4-104

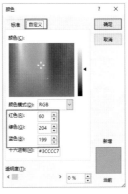
图 4-105

　　另外，程序提供了取色器工具，当不知该如何配色时，可以使用取色器工具引用其他较好的配色方案。

操作步骤

　　❶ 将所需要引用其色彩的图片复制到当前幻灯片（暂时放置，用完后删除），如图 4-106 所示。
　　❷ 选中需要更改色彩的图形，右击，在快捷工具栏中单击"填充"按钮，在下拉列表中选择"取色器"命令，如图 4-107 所示。

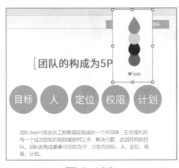
图 4-106

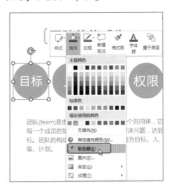
图 4-107

❸ 此时鼠标光标变为类似于笔状，将笔状鼠标光标移到所需颜色的位置（见图 4-108），单击会拾取图片在该位置的颜色并为选中的图形填充颜色，如图 4-109 所示。

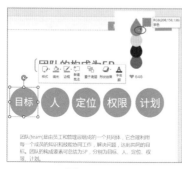

图 4-108

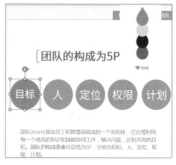

图 4-109

图 4-110

❹ 按相同方法依次拾取颜色，本例的图形通过更改颜色后的效果如图 4-110 所示。通过引用搭配好的色彩为自己的图形配色，既方便又可以达到美观、协调的效果。

除了单色填充色，一个非常重要的填充方式就是渐变填充，在图 4-111 和图 4-112 所示的幻灯片中都对图形应用了渐变的填充方式。

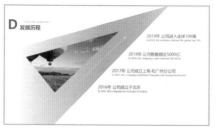

图 4-111

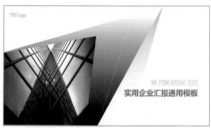

图 4-112

关于渐变填充，在前面的内容中，无论是给文字设置渐变填充，还是给背景图形设置渐变填充，已经接触过对渐变参数的设置。并且在后面的内容中依然会继续讲解关于渐变参数的调整（如渐变打造立体感图形、渐变创造弥散氛围感等），从而获得高级的渐变效果。

2. 个性化的边框效果

图形的边框不仅仅是默认的实线条，可以根据设计需求更改线条的宽度、确定是否使用虚线，以及确定线条的透明度等。

操作步骤

❶ 选中要设置的图形，右击，在快捷工具栏中单击"填充"按钮，在下拉列表中选择"无填充"命令（见图 4-113），先取消图形的填充色，只保留线条。

❷ 再次右击，在弹出的快捷菜单中选择"设置形状格式"命令（见图 4-114），打开"设置形状格式"右侧窗格。在"线条"栏中可以更改线条的颜色、线条的宽度（本例中设置为 12 磅），如图 4-115 所示，应用图形后的效果如图 4-116 所示。

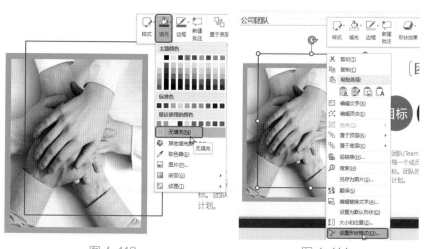

图 4-113   图 4-114

❸ 选中圆形图形，打开"设置形状格式"右侧窗格，在"线条"栏中将"短划线类型"更改为虚线样式（见图 4-117）并合理设置线条的颜色与宽度，图形应用后的效果如图 4-118 所示。

图 4-115

图 4-116

图 4-117

图 4-118

提　示

　　在设置多图形格式时，格式刷是一个非常有用的工具。当设置了一个图形的格式后，选中图形，在"开始"选项卡中的"剪贴板"选项组中双击"格式刷"按钮启用格式刷，然后依次在需要应用相同格式的图形上单击即可。

4.4.2　设计立体感图形

利用 PPT 软件内置的功能项，结合巧妙的设计思路，可以打造出立体感的图形，为幻灯片的设计增色。主要通过渐变和阴影两个途径让图形在视觉上呈现立体效果。

1. 渐变

渐变是制作立体感图形的主要手段，图 4-119 所示幻灯片展示了具有立体感的图形。

图 4-119

操作步骤

❶ 绘制正菱形，在图形上右击，在弹出的快捷菜单中选择"设置形状格式"命令（见图 4-120），打开"设置形状格式"右侧窗格。单击"填充与线条"按钮，展开"填充"栏，选中"渐变填充"单选按钮，分别设置各项渐变参数，如图 4-121 所示。设置后的图形效果如图 4-122 所示。

提　示

若要呈现多层次的渐变效果，则光圈的数量、每个光圈所在的位置及各个光圈使用的颜色，应该经多次尝试比较，最终选择最优方案。一般会使用同色系的渐变，或者亮色系向灰、黑、白色的渐变等，一般不建议使用多色彩渐变的填充效果。

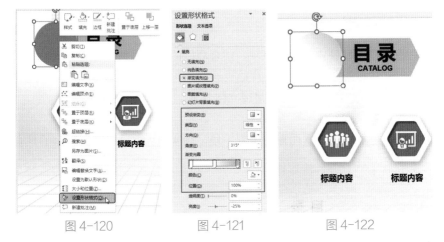

图 4-120　　　　　　图 4-121　　　　　　图 4-122

❷ 展开"线条"栏，选中"渐变线"单选按钮，分别设置各项渐变参数，将"宽度"设置为 3 磅，如图 4-123 所示。设置后图形已初具立体效果了，如图 4-124 所示。

图 4-123

图 4-124

❸ 单击"效果"按钮，展开"阴影"栏，分别设置各项阴影参数，如图 4-125 所示。设置阴影后，可以看到立体效果增强了（见图 4-126）。再复制制作好的图形，稍微缩小后叠加放置，其效果如图 4-127 所示。

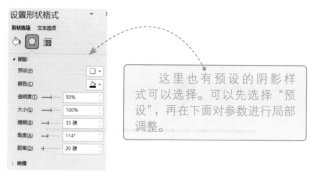

图 4-125

图 4-126

图 4-127

扩展应用

如果换一种思路，图 4-128 所示的幻灯片同样是利用了渐变与阴影设计出的立体感图形。

图 4-128

2. 阴影

合理的阴影设置也是制作立体感图形的手段之一，图 4-129 所示的幻灯片展示了具有立体感的图形。

图 4-129

操作步骤

❶ 绘制正圆形，在图形上右击，在弹出的快捷菜单中选择"设置形状格式"命令，打开"设置形状格式"右侧窗格。单击"效果"按钮，展开"阴影"栏，分别设置各项阴影参数，如图 4-130 所示。设置后得到的图形如图 4-131 所示。

图 4-130

图 4-131

❷ 绘制小正圆形，首先设置颜色（本例为浅蓝色，见图 4-132），打开"设置形状格式"右侧窗格。单击"填充与线条"按钮，展开"线条"栏，选中"实线"单选按钮，设置线条的颜色与宽度，如图 4-133 所示。

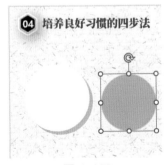

图 4-132

图 4-133

❸单击"效果"按钮，展开"阴影"栏，分别设置各项阴影参数，如图 4-134 所示。设置后得到的图形如图 4-135 所示，再将两个图形重叠放置，如图 4-136 所示。

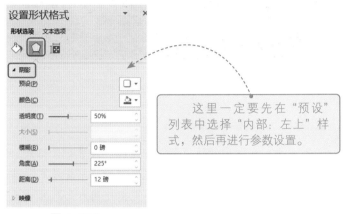

这里一定要先在"预设"列表中选择"内部：左上"样式，然后再进行参数设置。

图 4-134

图 4-135

图 4-136

4.4.3　设计弥散光风格

扫一扫，看视频

弥散光设计风格是网络上流行的一种设计风格，就是通过渐变实现光晕染开的效果，最终的色彩具有虚幻感和氛围感，且非常具有设计感。值得注意的是，要达到弥散效果，关键要保证颜色在过渡时不能太生硬，要有柔和的过渡效果。

图 4-137 所示的幻灯片使用了渐变和图形边缘柔化两项功能实现了弥散光的效果。

图 4-137

操作步骤

1.设置黑色背景

在背景上右击，在弹出的快捷菜单中选择"设置背景格式"命令，打开"设置背景格式"右侧窗格，在"填充"选中"渐变填充"单选按钮并设置参数，如图 4-138 所示。注意第 1 个光圈使用本幻灯片的主色调（即确定想将该幻灯片设置为什么色调），可以根据效果调整亮度；第 2 个光圈为黑色，并可以按效果调整位置。

图 4-138

2.制作弥散效果的图形

❶ 在背景上制作弥散光图形增强氛围感。绘制一个小圆形，如图 4-139 所示。打开"设置形状格式"右侧窗格，单击"效果"按钮，在"柔化边缘"栏中设置柔化数值，如图 4-140 所示，柔化后的图形如图 4-141 所示。

❷ 选中图形，使用 Ctrl+X 组合键剪切，再使用 Ctrl+V 组合键粘贴，然后在功能按钮列表中选择"图片"命令（见图 4-142），把图形转换成图片，按等比例放大图片，效果如图 4-143 所示。

图 4-139　　　　　　　　图 4-140

图形要小一些，柔化数值要大一些，尽量让圆的边缘晕染开，只留一点色彩即可，因为后面还要进行放大，放大色彩的边缘可以使其融合得更加柔和，而不是有明显的边缘的生硬感。

图 4-141　　　　　图 4-142　　　　　　图 4-143

❸ 因为制作好的图片要放在幻灯片的顶部，所以可以裁剪掉一半。启动"裁剪"功能，拖动顶部中间的控制点进行裁剪，如图 4-144 所示。

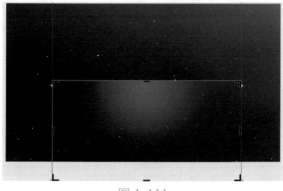

图 4-144

❹ 裁剪后把图片移至幻灯片背景的顶部靠边缘放置（根据实际效果，依然可以继续进行放大），处理好的背景如图 4-145 所示。接着再在这个背景上排版文字即可。

利用渐变功能实现双色融合渐变的背景效果是非常不错的设计，要实现两种颜色的自然融合和过渡，主要得力于对渐变方向和透明度的设置。例如，图 4-146 所示的效果，其底部背景与前面的例子相同，在顶部又绘制了一个与幻灯片大小相同的矩形，其对应的渐变参数如图 4-147 和图 4-148 所示（注意观察光圈的透明度）。

图 4-145

图 4-146

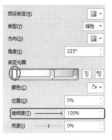

图 4-147

图 4-148

再如图 4-149 所示的效果，幻灯底部背景的渐变参数如图 4-150 所示，顶部矩形的参数如图 4-151 所示。

图 4-149

图 4-150

图 4-151

在此背景上添加其他元素完成幻灯片的设计，效果显得优雅和时尚，如图 4-152 所示。

图 4-152

另外，可以先使用渐变的背景色，再在上面绘制一些图形将它们处理为弥散光的效果。

操作步骤

❶ 在"形状"下拉列表中选择"曲线"工具，并随意地绘制图形，如图 4-153 所示。

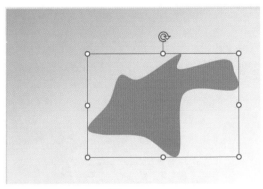

图 4-153

❷ 按前面介绍过的复制粘贴的方法将图形转换为图片，在"设置图片格式"右侧窗格中单击"效果"按钮，然后设置柔化边缘的值，如图 4-154 所示。

可以边观察边调节，不要一次调到最大。调节后可以放大图片查看，如果感觉柔化程度不够可以再增加磅值，直到达到满意的融合效果。

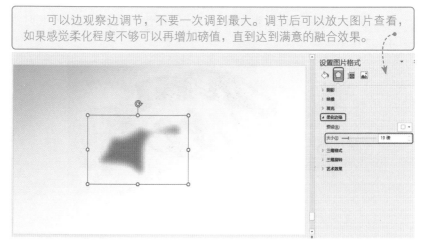

图 4-154

❸ 合理旋转并柔化后叠放于设置的渐变色的背景上，达到如图 4-155 所示的弥散光效果，还可以继续叠加其他颜色，如图 4-156 所示。

图 4-155　　　　　　　　　　　　　图 4-156

❹ 添加文字完成幻灯片的设计，如图 4-157 所示。

图 4-157

4.4.4　变换图形

在布局幻灯片时，有时需要一些"形状"下拉列表中无法提供的图形，这时则需要通过图形顶点的调节来获取更多不规则的，或者更具设计感的图形。通过调节顶点来制作图形是非常灵活的，一切造型取决于制作者的设计思路。

1. 调节顶点

在绘制图形时，只要出现一个黄色的控制点，拖动它就可以实现变换。例如，选择"不完整圆"图形，默认绘制出来的图形如图 4-158 所示；拖动黄色控制点（见图 4-159）到合适位置释放即可变换原图形的样式，如图 4-160 所示。

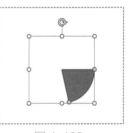

图 4-158　　　　　　　图 4-159　　　　　　　图 4-160

再如，在图 4-161 所示的图形中使用箭头图形制作了图示，怎么实现的呢？

图 4-161

操作步骤

❶ 绘制"箭头：右"图形，如图 4-162 所示。

❷ 将该图形旋转 135°，找一条水平线作为参照线（因为这个图示的关键是箭头必须调整为 90° 直角，而默认绘制的图形可能不是直角），如图 4-163 所示。

❸ 调节黄色控制点与水平参照线重合（见图 4-164），箭头则为 90° 直角了，此时就得到了图 4-161 中右上角的图形了，如图 4-165 所示。其他图形通过复制并旋转即可以轻松得到。

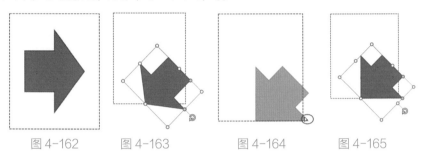

图 4-162　　　图 4-163　　　图 4-164　　　图 4-165

2.编辑顶点

在前面第 3 章中学习创意变形字时，讲解过将文字转换为图形后，如何通过编辑顶点让文字的笔画随意拖动，从而让文字更具有创意。接下来将介绍如何编辑顶点变换图形就是如何通过对一个基本图形的顶点进行更改获取新的图形样式。

例如需要如图 4-166 所示的图形来布局幻灯片的版面，"图形"列表中并没有，怎么办呢？

图 4-166

❶ 首先绘制一个矩形图形，在图形上右击，在弹出的快捷菜单中选择"编辑顶点"命令（见图 4-167），接着可以看到图形的各个顶点都出现了黑色小控制点（见图 4-168），它们都是可以拖动调节的。

图 4-167　　　　　　　　　　　　　　　图 4-168

❷ 将鼠标指针指向右下角的控点，按住鼠标左键不放平行向左侧移动（见图 4-169）到需要的位置后，释放鼠标即可改变图形造型，如图 4-170 所示。

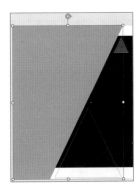

图 4-169　　　　　　　　　　　　　　　图 4-170

下面仍然绘制一个矩形，先进入顶点编辑状态，将鼠标指针定位到右上角顶点上（见图 4-171），向右上方位置拖动（见图 4-172），释放鼠标得到变形后的图形，如图 4-173 所示。

图 4-171

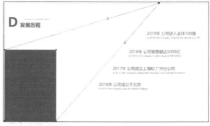

图 4-172

接下来讲解复杂的调节策略，效果图如图 4-174 所示。本例除了图形变换的操作，还涉及图形半透明设置、图形精致边框设置等知识点。

图 4-173

图 4-174

操作步骤

❶ 绘制一个与幻灯片页面大小相同的矩形，在图形上右击，在弹出的快捷菜单中选择"编辑顶点"命令，向左拖动右下角的顶点，将图形变形为如图 4-175 所示的样式。

图 4-175

❷ 在图形上右击，在弹出的快捷菜单中选择"编辑顶点"命令（见图 4-176），接着在斜边靠下位置右击，在弹出的快捷菜单中选择"添加顶点"命令（见图 4-177）。

图 4-176

图 4-177

❸ 向上拖动该顶点上侧的调节柄（见图 4-178），向上拖动该顶点下侧的调节柄（见图 4-179），接着再将顶点向右下方拖动，如图 4-180 所示。

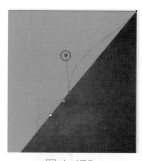
图 4-178

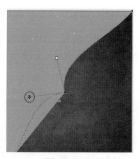
图 4-179

图 4-180

❹ 得到如图 4-181 所示的图形。

图 4-181

❺ 选中图形，在图形上右击，在弹出的快捷菜单中选择"设置形状格式"命令（见图 4-182），打开"设置形状格式"右侧窗格。在"填充"栏中调节图形颜色的透明度，如图 4-183 所示。

图 4-182　　　　　　　　　　　　图 4-183

❻ 复制图形并缩小（见图 4-184），选中缩小的图形，打开"设置形状格式"右侧窗格，在"填充"栏中选中"无填充"单选按钮（见图 4-185），在"线条"栏中设置线条颜色为白色，并设置线条的宽度与"短划线类型"，如图 4-186 所示。

图 4-184

图 4-185

图 4-186

❼ 完成设置后，图形布局如图 4-187 所示。在幻灯片上编辑文字添加其他设计元素即可。

图 4-187

4.5 "合并形状"按钮的使用

在 PPT 图形编辑界面中有一个非常重要的按钮，即"合并形状"按钮，该按钮是创意图形的一个非常重要的工具，它可以利用多个图形间的结合、拆分、剪除等重新获取新的图形样式。与前面小节中讲解的调节图形顶点功能一样，这项功能的应用极其灵活。

4.5.1　图形组合

扫一扫，看视频

图形组合就是将两个或多个图形进行组合，即重叠的部分只保留一次。图 4-188 所示为圆角矩形与三角形进行组合后得到的新图形；图 4-189 所示为圆形与三角形进行组合后得到的新图形。

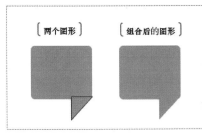

图 4-188

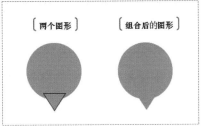

图 4-189

下面学习制作一个实例，以便更全面地了解图形组合。

操作步骤

❶ 在一个裁剪为直角三角形的图片上绘制两个等腰三角形，二者按如图 4-190 所示的样式重叠。

图 4-190

❷ 先选中图片，再依次选中三角形，在"绘图工具 - 形状格式"选项卡中的"插入形状"选项组中单击"合并形状"下拉按钮，在打开的下拉列表中选择"组合"命令（见图 4-191），此时可以看到组合后的图形，如图 4-192 所示。

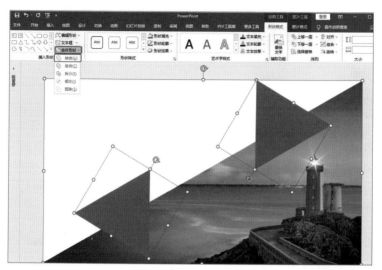

图 4-191

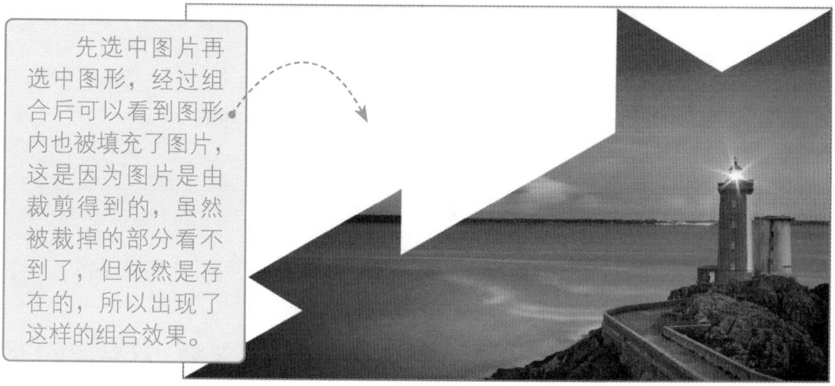

先选中图片再选中图形，经过组合后可以看到图形内也被填充了图片，这是因为图片是由裁剪得到的，虽然被裁掉的部分看不到了，但依然是存在的，所以出现了这样的组合效果。

图 4-192

❸ 补充一些其他设计元素，并添加文字信息完成幻灯片的设计，如图 4-193 所示。

图 4-193

4.5.2　图形剪除

　　图形剪除就是将两个或多个图形相交的部位进行剪除，即重叠的部分被剪掉，保留不重叠的部分。图 4-194 所示为将矩形与三角形进行叠加，进行剪除后得到的梯形；图 4-195 所示为将 4 个小圆形均匀排列后，在底边压住半圆形，进行剪除后得到的新创意图形。

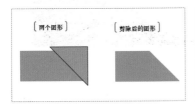

图 4-194　　　　　　　　　　图 4-195

　　下面学习制作一个实例，以便更全面地了解图形剪除。

操作步骤

　　❶ 绘制一个圆角矩形，将鼠标指针指向黄色控制点（见图 4-196），将其向右拖动将圆角幅度增加到最大，如图 4-197 所示。

　　❷ 绘制一个正圆形，复制步骤 ❶ 调整好的圆角矩形，按照图 4-198 所示的样式旋转叠加。

　　❸ 先依次选中 4 个圆角矩形，再选中圆形。在"绘图工具 - 形状格式"选项卡中的"插入形状"选项组中单击"合并形状"下拉按钮，在打开的下拉列表中选择"剪除"命令（见图 4-198），此时可以得到剪除后的图形，该图形正是所需的图形，如图 4-199 所示。

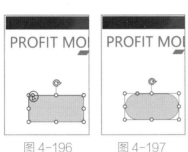

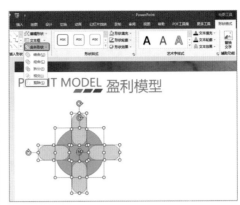

图 4-196　　　　图 4-197　　　　　　　图 4-198

❹ 补充一些其他设计元素，并添加文字信息完成幻灯片的设计，如图 4-200 所示。

图 4-199　　　　　　　　　　图 4-200

扫一扫，看视频

4.5.3　图形拆分

图形拆分是指根据图形的相交情况将所有相交的部分进行拆分，从而得到多个小图形，然后从拆分后的图形中选取所需的图形，最后删除其他的图形即可。例如，先绘制 1 个圆形，再绘制 4 个圆角矩形，并均匀对齐摆放，如图 4-201（a）所示；接着先选中 4 个圆角矩形，再选中圆形执行"拆分"命令，则得到拆分后的小图形，如图 4-201（b）所示；删除多余图形，得到需要的图形，如图 4-201（c）所示。

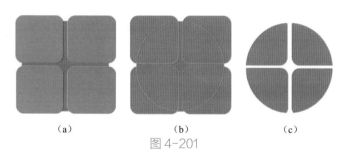

（a）　　　　　　（b）　　　　　　（c）

图 4-201

下面学习制作一个实例，以便更全面地了解图形拆分。

操作步骤

❶ 绘制两个圆形，呈半叠加状态放置，选中两个图形，在"绘图工具 - 形状格式"选项卡中的"插入形状"选项组中单击"合并形状"下拉按钮，在打开的下拉列表中选择"拆分"命令（见图 4-202），此时根据两个图形的相交情况，将其拆分为 3 个部分，用鼠标可以将其拖出，如图 4-203 所示。

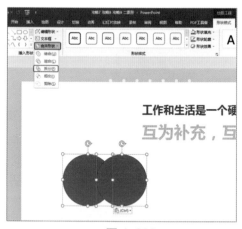

图 4-202

图 4-203

❷ 得到所需要的创意图形的基本形状后，重新为图形添加渐变填充，渐变参数如图 4-204 所示，设置后的图形的渐变效果如图 4-205 所示。

❸ 为拆分后的图形设置相同的填充，然后补充其他设计元素，并添加文字信息，完成幻灯片的设计，如图 4-206 所示。

图 4-204

图 4-205

其他图形的渐变可以使用格式刷引用该图形的格式，然后到其他图形上单击即可快速设置，也可以在引用格式后对渐变效果进行局部设置，如修改渐变的方向。

图 4-206

扩展应用

　　前面的两个圆形经拆分后，可以提取月牙形，复制可得多个月牙形，经过旋转和拼接，还可以制作出能表达 4 个分类的图示，如图 4-207 所示。

图 4-207

规范数据的表格与图表

表格与图表是进行数据对比、数据分析的必要形式，
虽形式单一，
但在幻灯片中，
也要精心设计排版。

5.1　表格页制作

需要在幻灯片中应用表格的情况：一是需要展示数据，二是文本信息有明显的分类和条目，三是需要辅助布局版面。无论在哪种情况下使用表格，首先要明确一点：表格排版是极其重要的。在排版前要将表格的原格式清除掉，因为默认的表格样式不适合幻灯片设计；线条的设置也是排版的关键，如果有重要的数据，可以在设计时通过强化处理来突出。

5.1.1　清除表格原格式

扫一扫，看视频

在 PPT 中直接插入的表格形式简单、效果不显著，一般的设计者都不会使用原格式，但是要设计出精美的 PPT 表格，仍然可以依托基础表格的样式来寻找优化方案。

图 5-1 所示的表格为原始表格，图 5-2 所示为清除原格式并进行优化处理后的效果，二者的可视化效果显而易见。

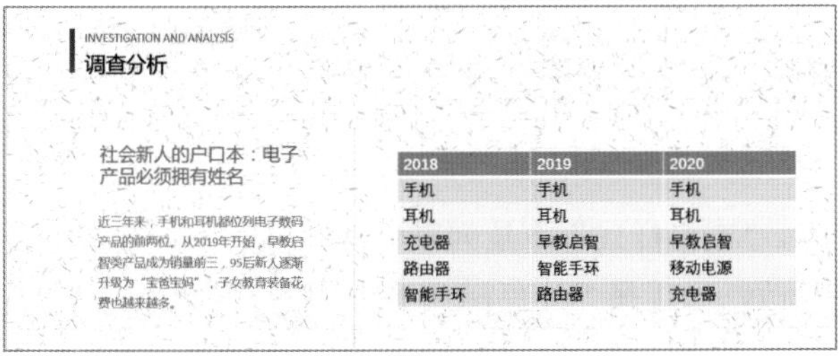

图 5-1

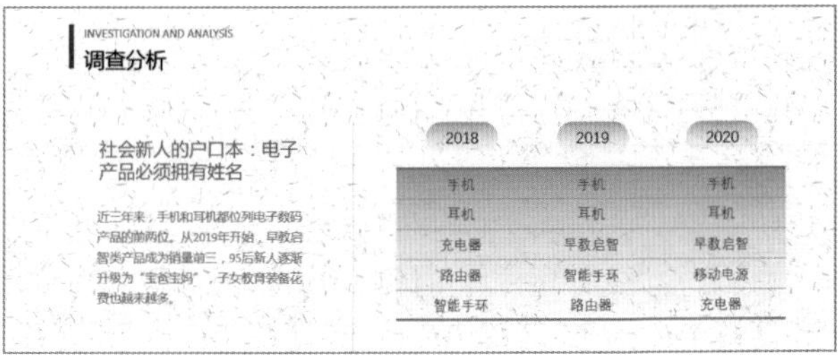

图 5-2

图5-3 所示的表格为原始表格，图5-4 所示为是另一种优化处理后的表格。

图 5-3　　　　　　　　　　　　图 5-4

清除表格的方法如下。

选中整个表格，在"表格工具 - 表设计"选项卡中的"表格样式"选项组中选择"无样式，无网格"样式（见图5-5），从而将表格的样式完全清除，如图 5-6 所示。

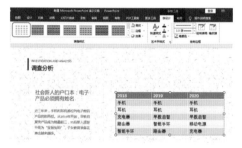

图 5-5　　　　　　　　　　　　图 5-6

除此之外，"表格样式"下拉列表中提供的一些样式，有的可以先套用再进行局部修改，如选择"浅色样式 1- 强调 5"样式（见图5-7），应用效果如图 5-8 所示。

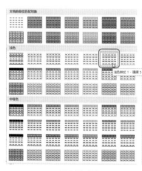

图 5-7　　　　　　　　　　　　图 5-8

但在套用时也要学会进行局部修改，局部修改的主要工作是什么呢？仍然是考虑在哪里设计框线、哪里不用框线、框线使用的线型、框线的宽度以及在哪里使用底纹等。而这些操作就是后面主要讲解的内容。

5.1.2 精细设置框线

扫一扫，看视频

框线和底纹两个功能项在表格中可以起到划分区块、提升表格数据可视化程度的作用，但默认的表格框线一般都不太美观，下面通过重新设置来进行对比体验。

那么该如何自如地应用框线呢？这里将详细地讲解，因为这是优化表格最基本的最重要的操作。在应用框线前需要设置框线的格式，即使用什么线型、什么颜色、什么宽度的框线。设置框线格式后，才能去应用。因此分为 3 个步骤来操作。

操作步骤

❶ 设置框线的格式。选中表格，在"表格工具 - 表设计"选项卡中的"绘图边框"选项组中设置框线的线型（见图 5-9）、宽度（见图 5-10）以及颜色（见图 5-11）。

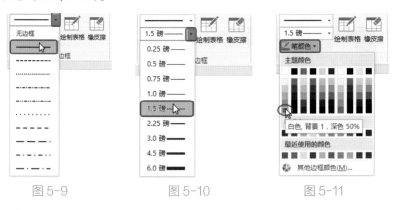

图 5-9   图 5-10   图 5-11

❷ 选中应用的范围。该范围可以是整个表格，也可以是一行一列、多行多列等。选择什么范围，与下一步的应用位置相关，如在图 5-12 中选中的是整个表格。

❸ 选择应用位置。在"表格工具 - 表设计"选项卡中的"表格样式"选项组中单击"边框"下拉按钮，在打开的列表中选择要应用的位置，如同时应用"上框线"和"下框线"选项（见图 5-13），得到的框线如图 5-14 所示。

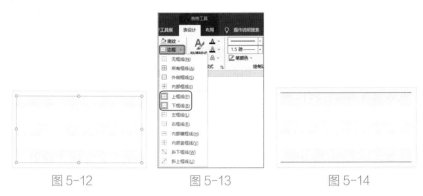

图 5-12　　　　　　　图 5-13　　　　　　　图 5-14

如果在步骤 ❷ 中选中的是第 1 行，应用位置选择"上框线"，接着再选中最后一行，应用位置选择"下框线"，同样可以达到图 5-14 所示的效果。

当需要其他样式的框线时，可以重复上面的操作，依然是先设置框线格式，如设置深灰色、0.75 磅虚线；接着选中全部表格；在"边框"下拉列表中应用"内部横框线"（见图 5-15），得到的框线如图 5-16 所示。

图 5-15　　　　　　　　　　图 5-16

下面制作完整的表格来巩固对表格框线的设置操作。

例如，图 5-17 所示的幻灯片中表格的框线效果在设置时经历了以下几个步骤。

类别	00后消费占比/%	90后消费占比/%	80后消费占比/%	70后消费占比/%
线下游戏类娱乐	51.2	45.2	38.5	35.2
线下影视类娱乐	52.7	47.6	35.6	28.9
线下KTV类娱乐	45.2	42.1	30.4	22.3

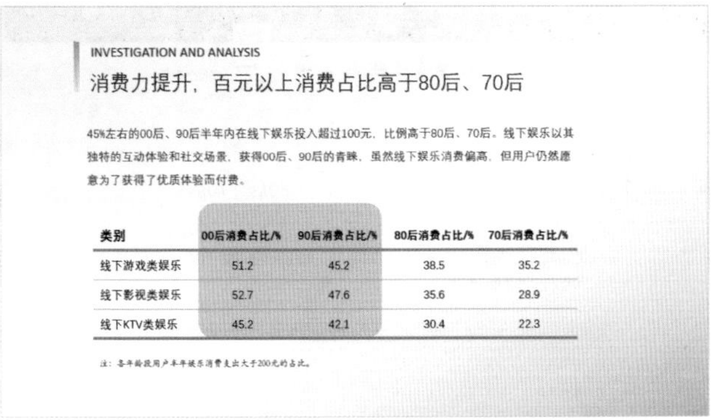

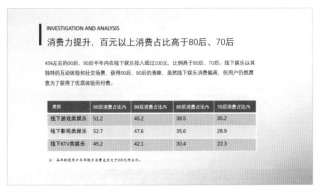

图 5-17

注：00 后是指 2000 年以后出生的人。90 后是指 1990 年以后出生的人。80 后是指 1980 年以后出生的人。70 后是指 1970 年以后出生的人。

❶ 选中表格（默认表格见图 5-18），通过应用“无样式，无网格”样式取消所有框线和填充色。

类别	00后消费占比/%	90后消费占比/%	80后消费占比/%	70后消费占比/%
线下游戏类娱乐	51.2	45.2	38.5	35.2
线下影视类娱乐	52.7	47.6	35.6	28.9
线下KTV类娱乐	45.2	42.1	30.4	22.3

图 5-18

❷ 选中表格第一行，在“表格工具 - 表设计”选项卡中的“绘制边框”选项组中设置框线样式、宽度与笔颜色，接着单击“边框”下拉按钮，在打开的下拉列表中选择“下框线”，如图 5-19 所示。

❸ 选中表格最后一行，保持框线格式不变，单击“边框”下拉按钮，在打开的下拉列表中选择“下框线”，如图 5-20 所示。

❹ 选中表格除第 1 行之外的其他所有行，在“表格工具 - 表设计”选项卡中的“绘制边框”选项组中重新设置框线样式、宽度与笔颜色，接着单击“边框”下拉按钮，在打开的下拉列表中选择“内部横框线”，如图 5-21 所示。

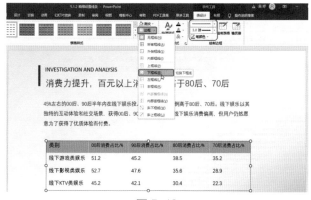

图 5-19

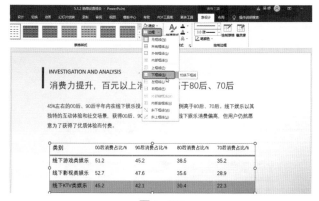

图 5-20

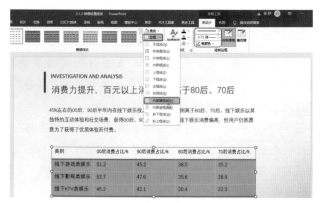

图 5-21

应用底纹的操作相对比较简单，只要准确选中单元格区域，然后通过单击"底纹"下拉按钮，在打开的下拉列表中选择底纹色即可，如图 5-22 所示。

图 5-22

提 示

关于灵活应用框线的方法总结如下。

第 1 步设置要使用的框线的格式。

第 2 步准确选中表格中要应用的区域。

第 3 步选择要应用在表格的哪个位置，如"下框线"就是应用在选中区域的最后一行的下框线，"内部横框线"就是应用在选中区域中不包括第 1 行的上边线与最后一行的下边线的其他横线。

"边框"下拉列表中的所有应用位置按钮都是开关按钮，单击一次应用，再单击一次取消。一次应用不正确也没有关系，可以重新选中区域，再重新在"边框"下拉列表中单击应用位置按钮即可。

5.1.3 优化表格

扫一扫，看视频

在创建表格后，多数人不会注意对齐方式的设置，总是会使用居中对齐，但针对单元格的内容不同，也应采取不同的对齐方式。

1. 文本左对齐

如果单元格是文本内容并且长短不一，这时应使用左对齐的方式，因为左对齐方式更符合阅读习惯，有明显的边界，有比居中对齐更有对比性的参考线，视觉上会更加整齐。但如果文字较少，使用居中对齐也是可以的。

下面用示例进行对比，图 5-23 所示为单元格居中对齐的效果，图 5-24 所示为优化为左对齐后的效果，可见优化后的表格更易于阅读，美观度也更高。

图 5-23　　　　　　　　　　　　图 5-24

2. 数字右对齐

数字为什么要右对齐？因为从尾数比较大小更直观，如果数字包含不同的小数位，注意要先让数字保持相同的小数位（可以在尾部用 0 补齐）。

下面仍然使用示例进行对比，图 5-25 所示为单元格中数据是居中对齐的效果，图 5-26 所示为将数据的小数位设置相同后，再进行右对齐后的效果，可见优化后的表格更加便于数据的比较。

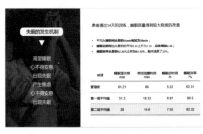

图 5-25　　　　　　　　　　　　图 5-26

3. 使用项目符号

内容多时可使用项目符号断行分层展示，可以让阅读过程更加舒适、更加轻松，同时在视觉上也会更有条理性，如图 5-27 所示表格。

图 5-27

5.1.4　突出重要信息

如果表格中的数据和文本量比较大，对重点数据进行强调就显得很有必要。一方面可以美化表格，另一方面可以保障更直观地传达重要的信息。

图 5-28 所示的幻灯片中的表格添加了底纹以突出重点，并使用上箭头直观地表达了经管理后，患者的睡眠质量得到了较大程度的改善。

图 5-29 所示的表格中对增长率明显的数据添加了特殊图形，以达到特殊显示的目的。

图 5-28

图 5-29

5.2　表格设计的范例

表格在应用过程中其自身的优化与美化实际就是 5.1 小节中讲解的几个要点，但在将表格应用于幻灯片中时，依然要考虑其在当前页面的排版效果，以及与整体幻灯片的匹配效果。本节中将继续制作几张带有表格的幻灯片，一方面巩固前面的表格编辑知识，另一方面也给出一些应用思路以供参考。

5.2.1　用图形装饰表格

用图形装饰表格是最常用的美化表格的方式之一，其思路是把表格设置到没有任何填充，然后在表格底部用图形来规划区域，既装饰了表格，又布局了幻灯片的版面。

图 5-30 所示的表格为原始表格，图 5-31 所示的表格为美化后的表格。

图 5-30

注：5S 是指整理（seiri）、整顿（seition）、清扫（seiso）、清洁（seiketsu）和素养（shitsuke）5
个单词首字母缩写。

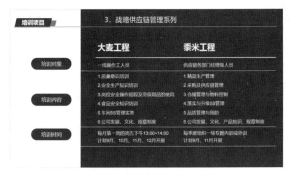

图 5-31

操作步骤

❶ 取消表格的所有框线和底纹，如图 5-32 所示。

❷ 将表格调窄并放置在右半侧区域，插入一个图形，放置在表格底部，删除表格第 1 列的数据，经过处理后，表格如图 5-33 所示。

图 5-32

图 5-33

❸ 选中表格的第 1 行，注意不包含第 1 列，在"表格工具 - 表设计"选项卡中的"绘制边框"选项组中设置框线样式、宽度与笔颜色，接着单击"边框"下拉按钮，在打开的下拉列表中选择"下框线"命令，如图 5-34 所示。

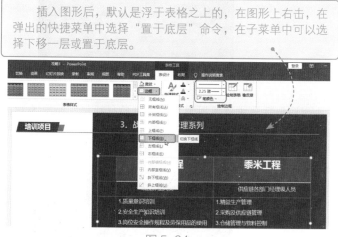

图 5-34

❹ 选中表格除第 1 行之外的所有行，重新设置线条样式、宽度与笔颜色，接着单击"边框"下拉按钮，在打开的下拉列表中选择"下框线"命令，然后选择"内部横框线"命令，如图 5-35 所示。

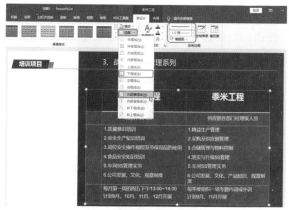

图 5-35

❺ 将表格左侧宽度调至与底部形状相同的宽度，如图 5-36 所示。

图 5-36

❻ 在左侧预留区域中使用图形作为表格的行标识，如图 5-37 所示。

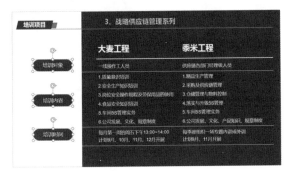

图 5-37

扩展应用

利用图形装饰的思路，针对此表格还可以使用双色色块来设计，效果
如图 5-38 所示。

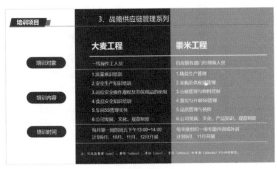

图 5-38

　　例如，图 5-39 所示的表格也是在制作表格完成后，取消了所有框线，然后在各行数据下绘制圆角矩形作为底纹显示，以达到装饰的目的。

图 5-39

扫一扫，看视频

5.2.2　卡片式创意表格

　　下面制作一个卡片式表格，并且这里采用了修改优化的方式。

　　图 5-40 所示的表格为原始表格，可以先在结构上对表格进行处理，将表格中 3 个阶段的数据作为 3 个横向的标签，将其他内容纵向处理为标签，表格最终可以呈现如图 5-41 所示的效果。

图 5-40

图 5-41

操作步骤

❶ 分析该表格后可发现第 1 列与第 2 列完全可以使用一个列标识来归纳。选中表格的第 3 列中"预热期"的条目，按 Ctrl+C 组合键复制，再在表格以外的任意位置单击，按 Ctrl+V 组合键粘贴，可把此部分数据复制为一个小表格，如图 5-42 所示。

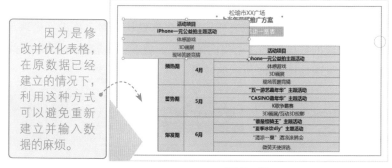

因为是修改并优化表格，在原数据已经建立的情况下，利用这种方式可以避免重新建立并输入数据的麻烦。

图 5-42

❷ 按相同的方法将各阶段的数据都复制为小表格，然后将它们纵向地并排排列，如图 5-43 所示。

❸ 此时可以看到 3 个小表格整体高度虽然一样，但是它们的行高却大小不一，这时需要选中表格，在"表格工具 - 布局"选项卡中的"单元格大小"组中单击"分布行"按钮（见图 5-44），按相同的方法操作每一个表格，则可以让所有表格的行高保持一致。

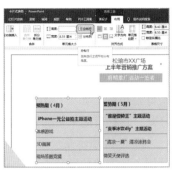

图 5-43　　　　　　　　　　　　　　　图 5-44

❹ 删除各个表格中所有的框线和底纹，如图 5-45 所示。

图 5-45

❺ 在各个表格底部绘制相同的图形（见图 5-46），同时选中图形，打开"设置形状格式"右侧窗格，单击"效果"按钮，在"阴影"栏中设置阴影参数，如图 5-47 所示。

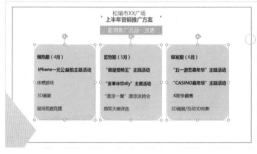

图 5-46　　　　　　　　　　　　图 5-47

❻ 为各个表格应用下框线，并且也可以设置某个图形为不同颜色，以达到突出或美化的作用。

5.2.3　用可视化素材装饰表格

素材装饰是指利用与内容关联的素材来增强表格的可视化效果。当然在使用图片素材时，注意要使用风格一致的图片，最好是组图，如果找不到风格一致的图片，也应将图片处理为相同的外观样式，这样看起来更加整洁、不杂乱。

图 5-48 所示是一个关于垃圾种类及处理方式说明的表格，该表格中就使用了形象的垃圾分类的标识。

图 5-48

操作步骤

❶ 把表格的第 1 行与第 1 列数据都删除，但并不删除行列，可起到占位的作用，如图 5-49 所示。

图 5-49

❷ 取消表格原来的填充颜色，设置全表用灰色填充，然后为表格统一应用下框线，如图 5-50 所示。

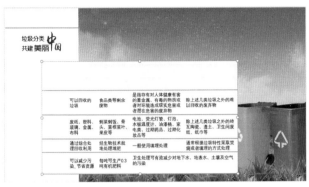

图 5-50

❸ 采用文本框来绘制并添加行标识，如图 5-51 所示。

❹ 准备好适合的图片，插入幻灯片中作为列标识使用（见图 5-52），然后按相同的方法在每一列中都使用相应的图片。

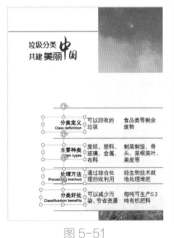

图 5-51

图 5-52

扩展应用

图 5-53 所示的表格中应用了图标来显示是否超支，超支了用红色叉号，效果非常直观明了。

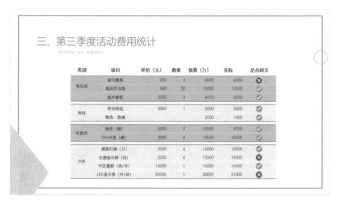

图 5-53

扫一扫，看视频

5.2.4　表格辅助页面排版

表格中的各个单元格可以实现数据或文本的输入，因此可以把一张表格当作一批文本框。如果要编辑的文本是工整对齐的，也可以使用表格来辅助文本的排版。

图 5-54 所示的幻灯片中的文本就是使用表格来进行编排的。

图 5-54

操作步骤

❶ 插入一个 2 行 4 列的表格，如图 5-55 所示。

❷ 通过调整行高和列宽把表格变为图 5-56 的样式。

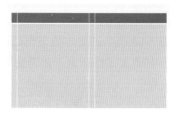

图 5-55　　　　　　　　　　　　　图 5-56

❸ 选中表格的第 1 行所有单元格，在"表格工具 - 布局"选项卡中的"合并"选项组中单击"合并单元格"按钮（见图 5-57），将该行合并为一个单元格。

❹ 按相同的方法依次为有文本的两列应用"左框线"。

❺ 对表格的框线进行设置，首先取消所有框线和填充颜色，在"表格工具 - 表设计"选项卡中的"绘制边框"选项组中选设置框线样式，再应用"下框线"命令，如图 5-59 所示。

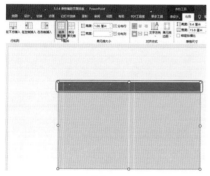

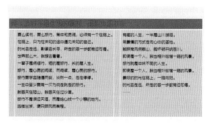

图 5-57　　　　　　　　　　　　　图 5-58

图 5-59

❻ 按相同的方法依次为有文本的三列应用"左框线"。

扩展应用

图 5-60 所示的文本效果也是利用表格排版出来的。使用这种方法避免使用过多的文本框，也不用考虑多文本框的对齐问题，文档会呈现得非常工整有序。

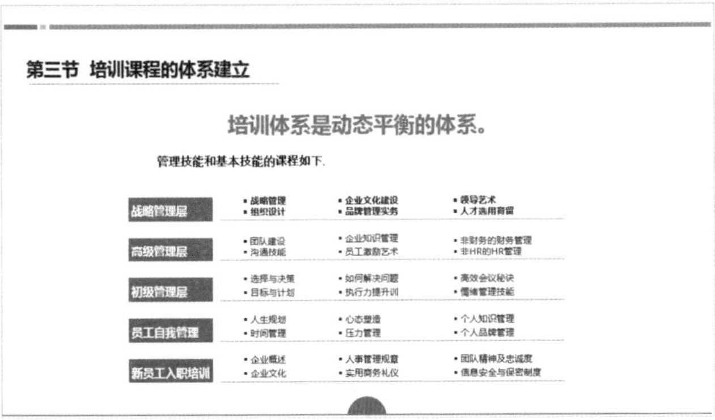

图 5-60

5.3　图表页的美化原则

在商务 PPT 中能合理地用好图表，会极大地提升说服力。当然对图表的应用也不能停留在默认效果中，无论是图表本身还是放在幻灯片中进行排版，都要美化，把图表处理得既可以明确反映数据，又可以给人带来视觉享受。

5.3.1　删除多余元素

扫一扫，看视频　　　　在 PPT 中使用图表时很重要的一点是要选择简洁的图表类型，不需要多余的解释，任何人都能看懂图表的意思，真正起到图表的直观沟通作用。因此，越简单的图表越容易理解，越能让人快速地理解数据，这才是数据可视化最重要的目的。

在建立默认的图表后，首先需要删除一些多余的元素。例如，图 5-61 所示是一个刚刚插入的默认的图表，可以看到，无论从布局、配色、结构等方面都与幻灯片格格不入。

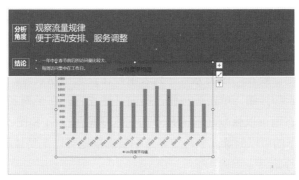

图 5-61

　　而经过排版后的图表则呈现出如图 5-62 所示的外观，其删除了垂直轴标签、网格线、图例等元素，让图表变得更加简洁。

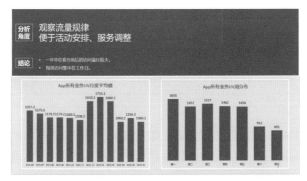

图 5-62

　　再如，在图 5-63 所示的幻灯片中，折线图也同样以简约的模式呈现。

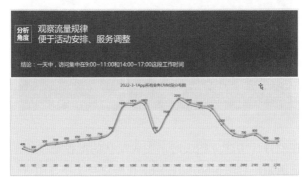

图 5-63

要删除元素很简单，只要在图表中准确选中元素（每个元素都有名称，要准确选中元素，只要将鼠标指针指向元素，停顿 2s 即可显示该元素的名称，单击即可选中），按 Delete 键删除即可。如果元素已经删除但又需要重新显示，则需要在"图表元素"列表中操作：选中图表时，右上角会出现"图表元素"按钮，单击该按钮，指向具体项目，在子列表中保持复选框的选中状态则可以恢复之前未显示的元素（见图 5-64 和图 5-65），即取消选中复选框的可以删除元素，重新选中复选框则可以恢复显示。

图 5-64   图 5-65

5.3.2　修改原配色、字体

扫一扫，看视频

先看两个系统默认配色的图表，如图 5-66 和图 5-67 所示。这样的配色是不是值得人深思？可想而知，这种色调的搭配基本上是不会有人使用的。

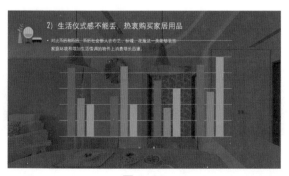

图 5-66

因此，在幻灯片中建立图表时，图表默认的配色与字体是必须进行修改与处理的。例如，对图 5-66 和图 5-67 在配色与文字方面进行了修正，其效果如图 5-68 和图 5-69 所示。

图 5-67

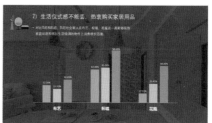
图 5-68

图 5-69

配色与字体的修改要点如下。

（1）忌五颜六色，如果是单个系列就使用当前幻灯片的主色调填充。

（2）用亮色突出重点（可以使用当前幻灯片的主色调），其他使用灰色调或浅色调。

（3）饼图与环形图在数据上可以从大到小排列，在颜色设置方面，先确定一个主色调，然后应用不同深浅的梯度色，如主题颜色的同一列中的颜色（见图 5-70），如果想应用更多颜色，则选择"其他填充颜色"命令，打开"颜色"对话框，在"自定义"选项卡下的整个序列中都可以定位需要使用的不同深浅色，如图 5-71所示。图 5-72 所示的幻灯片中的图表是配色的应用范例。

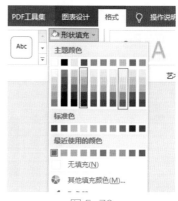
图 5-70

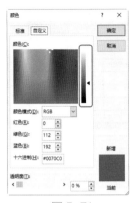

图 5-71

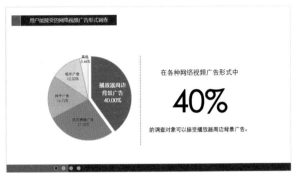

图 5-72

（4）可以使用渐变色提升律动感。注意应是同一色调不同深浅之间的渐变，如同一颜色的不同深浅色（图 5-73 所示为原色调，图 5-74 所示为修改后的渐变色调），或者使用一种主色调搭配白色或搭配灰色。切忌两种差距较大的颜色之间进行渐变。

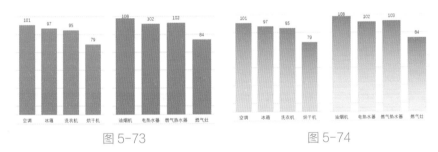

图 5-73

图 5-74

合理地设置渐变角度可以实现立体效果，如图 5-75 所示。

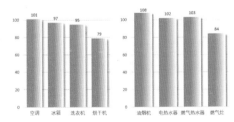

图 5-75

提　示

因为图表中的柱子也是一个形状，为了打造立体的效果，可以参考第 4 章中对图形的操作技巧。

（5）文字格式包括字体、字号和颜色，一般根据当前幻灯片使用的字体实际情况进行修改，做到与幻灯片匹配即可。

5.3.3　调整图表的布局

扫一扫，看视频

默认图表的布局需要调整，一般包括对分类间距的调整、对图表的宽度和高度的调整，以及添加数据标签等。

1. 调整图表横纵比例

默认插入的图表大小随机，其大小及位置需要调整，将鼠标指针指向控制点（见图 5-76），拖动调整大小，如图 5-77 所示。要移动位置就将鼠标指针指向图表边缘的非控制点上，当鼠标指针变为四向箭头时（见图 5-78），按住四向箭头拖动即可移动到需要的位置，如图 5-79 所示。

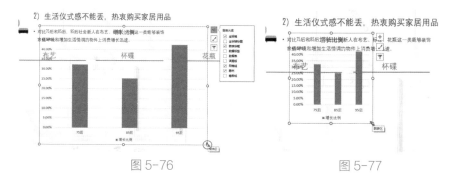

图 5-76　　　　　　　　　　　　图 5-77

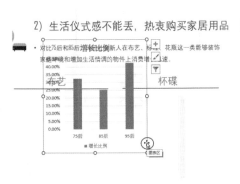

图 5-78

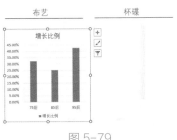

图 5-79

2.调整图表分类间距

分类间距是指图表中各个分类间的距离。默认的图表中给出的分类间距一般比较大，调整方法如下。

操作步骤

❶ 原图表分类间距如图 5-80 所示，在数据系列上双击，打开"设置数据系列格式"右侧窗格。

❷ 单击"系列选项"按钮，调整"间隙宽度"（见图 5-81），调整后图表的显示效果如图 5-82 所示。

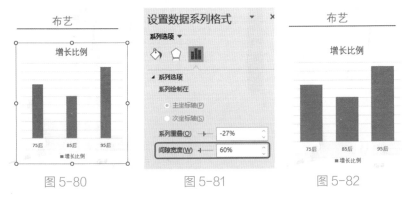

图 5-80   图 5-81   图 5-82

有时将"间隙宽度"调整为 0，也可以获取不一样的图表效果，图 5-83 所示便是将"间隙宽度"设置为 0 的图表。

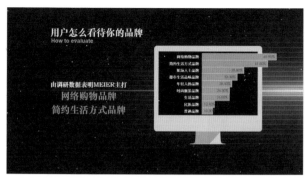

图 5-83

3. 添加数据标签

将数据标签显示在图表中，可以直观地看到图形代表的数值，此时完全不需要使用数值轴便可以让图表更加简洁。

[操作步骤]

选中图表，单击右上角的"图表元素"按钮，在展开的列表中指向"数据标签"，子菜单中有几种数据标签可供选择（见图 5-84），如选择"数据标签外"，数据标签如图 5-85 所示；选择"数据标注"，数据标签如图 5-86 所示。

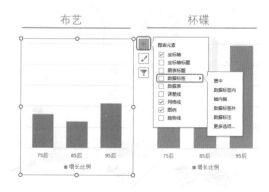

图 5-84

另外，饼图的数据标签是比较特殊的，很多时候都需要显示出百分比，所以这里进行补充讲解。

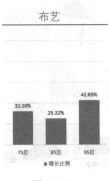

图 5-85

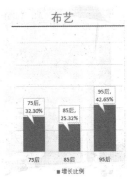

图 5-86

操作步骤

❶ 在"数据标签"子菜单中单击"更多选项"命令，打开"设置数据标签格式"右侧窗格，此处可以对数据标签包含的项目以及标签位置等进行更多合理设置。例如选中"类别名称"和"百分比"复选框，如图 5-87 所示。

❷ 展开"数字"栏，在"类别"下拉列表框中选择"百分比"，并设置"小数位数"为 2，如图 5-88 所示，添加的数据标签如图 5-89 所示。

因为添加"百分比"默认无小数位，如果要精确小数位，则需要在"数字"栏中来增加小数位。先通过单击下拉按钮选择"百分比"类型，然后就可以设置小数位了。

图 5-87　　　　　　　　　图 5-88

添加数据标签后，并非所有的数据标签都要显示出来，如只需显示需突出显示的数据标签时，则可以将其他不需要的数据标签删除。方法是：先在数据标签上单击，选中所有数据标签（见图 5-90），再在需要删除的数据标签上单击，只选中这个数据标签（见图 5-91），按 Delete 键删除。依次删除后只保留一个最重要的标签（见图 5-92），这种局部显示还可以起到突出重点数据的目的。

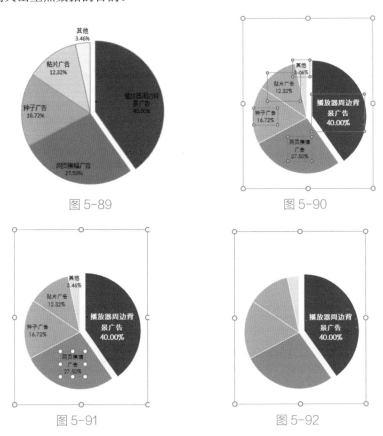

图 5-89

图 5-90

图 5-91

图 5-92

提　示

添加数据标签后，对于默认的文字格式也可以进行修改，只要在标签上单击，再到"字体"选项组中重新更改即可。

5.3.4　突出重点

对于图中需要重点说明的重要元素，可以运用对比强调的原则对图表进行强调处理，可以帮助观众迅速抓住重要信息。要强调重要元素，可以运用多种手段，如调整字体（大小、粗细）、颜色（明暗、深浅）以及添加额外图形和使用图片修饰聚集视线等。

例如，图 5-93 所示的幻灯片中的图表通过不同的对比颜色来达到突出显示的目的。

图 5-94 所示的幻灯片中的图表在重要数据上添加了色块来表达这两个时段为访问比较集中的时段。

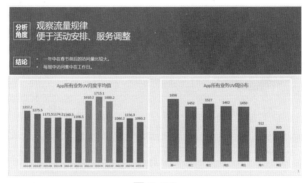

图 5-93

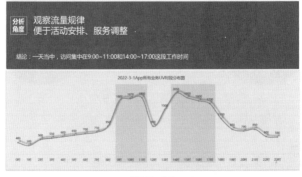

图 5-94

图 5-95 所示的幻灯片中为单个数据点添加特殊设计的标签，也起到了突出重点的目的。

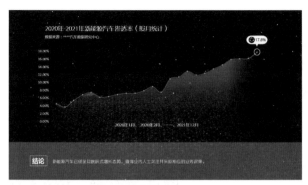

图 5-95

5.4 图表应用的范例

与表格的应用一样，在创建、布局调整以及美化图表的过程中，也应考虑其在当前页面中的排版效果，以及与整体幻灯片的相匹配的效果。在本节中，将继续制作几张带有图表的幻灯片，来巩固图表的基础编辑和整体应用。

5.4.1 渐变色彩的柱形图效果

渐变色彩的柱形图使用 3 个风格类似的图表，在创建的过程中涉及修改图表布局、删除多余元素，以及为柱子设置渐变填充效果，如图 5-96 所示。

扫一扫，看视频

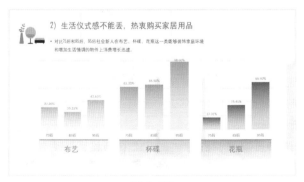

图 5-96

操作步骤

❶ 在"插入"选项卡中的"插图"选项组中单击"图表"按钮，打开"插入图表"对话框，选择图表类型，如图 5-97 所示。

❷ 单击"确定"按钮，在打开的 Excel 数据表中重新编辑图表的数据，从左上角开始编辑数据源，然后将鼠标指针指向原数据源的右下角（见图 5-98），按住鼠标左键并拖动，将不需要的数据源排除在外（见图 5-99），这时可以看到图表已经能正确显示了。

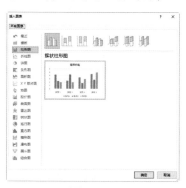

图 5-97

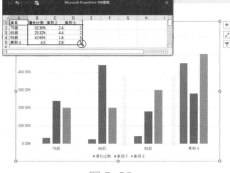

图 5-98

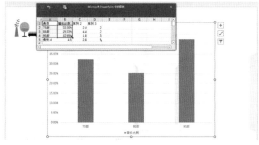

图 5-99

❸ 关闭 Excel 数据表，在图表的柱子上双击（见图 5-100），打开"设置数据系列格式"右侧窗格。单击"系列选项"按钮，调整"间隙宽度"，如图 5-101 所示。

❹ 在垂直轴上双击，打开"设置坐标轴格式"右侧窗格。单击"坐标轴选项"按钮，将"边界"的"最大值"固定为 1，将"单位"的"大"固定为 0.2，如图 5-102 所示。设置后的图表效果如图 5-103 所示。

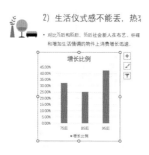

图 5-100

图 5-101

为什么要这么设置坐标轴数值？因为建立图表时，坐标轴上的值会根据当前图表的数据源自动生成，如这个图表数据源的最大值是 42.65%，那么坐标轴生成的最大值为 45% 完全够用了（所以一般情况下不去更改这个值）。可是在此为什么把它调节成 100% 呢？因为这里还有其他几个图表，为了让它们具有统一的比较标准，所以为它们设置统一的最大值，即 100%。

图 5-102

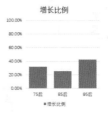

图 5-103

❺ 选中图表，单击右上角的"图表元素"按钮，在展开的列表中选择"数据标签 - 数据标签外"命令，如图 5-104 所示。

如果直接选中"数据标签"复选框，默认是显示在图外，如果想显示在其他位置则需要展开子菜单进行选择。

图 5-104

❻ 将图表标题、垂直轴数值、图例几个元素删除。然后在图表的柱子上双击，打开"设置数据系列格式"右侧窗格，单击"填充与线条"按钮，在"填充"栏中选中"渐变填充"单选按钮，设置渐变参数，如图 5-105 所示。设置后的图表效果如图 5-106 所示。

❼ 在图表的下方绘制一个图形，并设置为与柱子相同的渐变色，将其作为一个分类标识，这样就完成了第 1 个图表的制作，如图 5-107 所示。

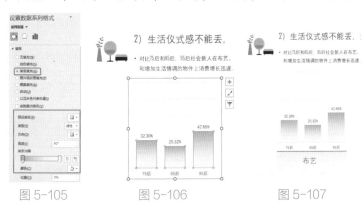

图 5-105　　　　　图 5-106　　　　　图 5-107

其他图表的制作方法与此相同，但更方便和更快捷的操作方法是复制第 1 个图表，然后在"图表工具 - 图表设计"选项卡中的"数据"选项组中单击"编辑数据"按钮，在打开的窗口中重新编辑数据，然后重新设置柱子的渐变填充颜色。

扫一扫，看视频

5.4.2　简洁圆环图

　　　　　　　　图 5-108 所示的幻灯片中使用了多个小图表来表达百分比值，整体效果简洁明了。

图 5-108

操作步骤

❶ 在"插入"选项卡中的"插图"选项组中单击"图表"按钮，打开"插入图表"对话框，选择圆环图，单击"确定"按钮，在打开的 Excel 数据表中重新编辑图表的数据源，

如图 5-109 所示。

为了让图表能显示
正确的比例，可以 100
为总数，按比例输入具
体数值，如第 1 个图表
想显示 44%，则可以把
数据规划为 44 和 56。

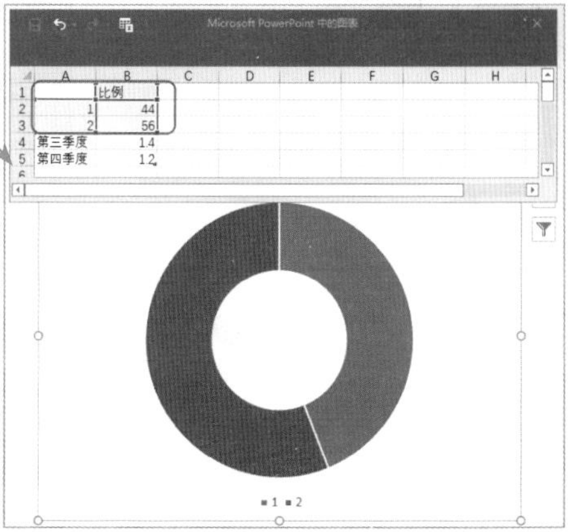

图 5-109

❷ 在图表的圆环上双击，打开"设置数据系列格式"右侧窗格，调整
"圆环图圆环大小"，如图 5-110 所示。

❸ 将圆环图中想展示的一段圆环设置为突出的颜色，另一部分圆环使
用灰色，然后删除所有不需要的元素，图表呈现图 5-111 所示的样式。

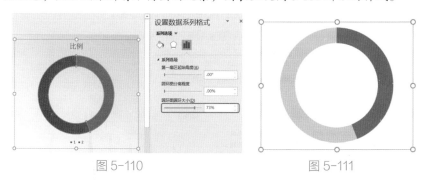

图 5-110　　　　　　　　图 5-111

❹ 复制圆环图，在"图表工具 - 图表设计"选项卡中的"数据"选项
组中单击"编辑数据"按钮（见图 5-112），打开 Excel，重新编辑数据得
到第 2 个图表，如图 5-113 所示。

图 5-112

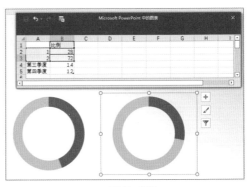
图 5-113

❺ 可通过先复制再更改数据源的方法得到其他图表，图表的说明文字使用文本框来添加。

5.4.3 改变柱形

扫一扫，看视频　　　建立柱形图、条形图时，默认的形状都是长方形，而通过以下技巧则可以将图表中的图形更改为其他样式的形状。

图 5-114 所示为一张设计完成的风格独特的柱形图。

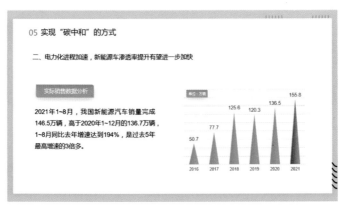
图 5-114

操作步骤

❶ 准备好数据源，创建图表，默认的图表如图 5-115 所示。

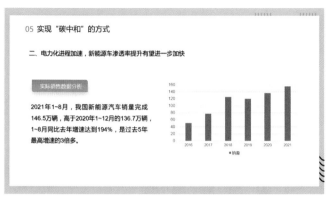

图 5-115

❷ 对图表进行布局的修改，删除不需要的元素，添加数据标签，把分类间距调整得小一些，让图表呈现图 5-116 所示的样式。

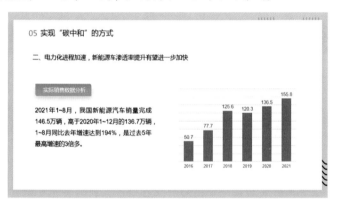

图 5-116

❸ 绘制三角形，如图 5-117 所示。选中三角形，打开"设置形状格式"右侧窗格，单击"填充与线条"按钮，在"填充"栏中选中"渐变填充"单选按钮，为图形设置渐变参数，如图 5-118 所示，两个光圈选择的是较为接近的颜色，都未设置透明度。设置好的三角形如图 5-119 所示。

❹ 选中制作好的三角形，按 Ctrl+C 组合键复制，再选中图表中的系列，按 Ctrl+V 组合键粘贴，即可实现形状的替换，如图 5-120 所示。

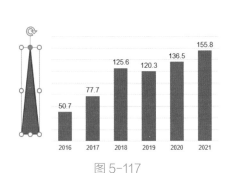

图 5-117

图 5-118

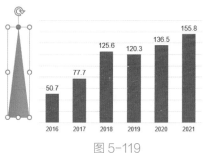

图 5-119

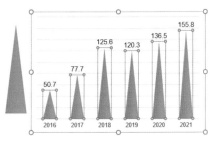

图 5-120

❺ 如果要单独改变某一个图形的配色效果，则需要先重新更改该图形的效果，按 Ctrl+C 组合键复制，再在图表中单独选中目标数据标签（注意是单个数据标签），按 Ctrl+V 组合键粘贴，如图 5-121 所示。

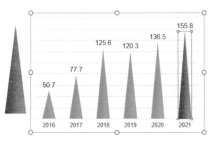

图 5-121

扩展应用

利用相同的思路，还可以将图形更改为其他形状，图 5-122 所示为胶囊图形，图 5-123 所示为箭头图形，都呈现出非常不错的视觉效果。

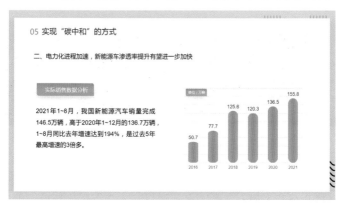

图 5-122

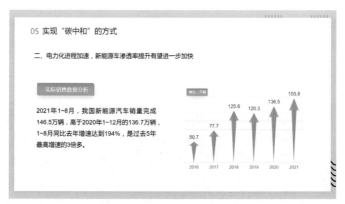

图 5-123

扫一扫，看视频

5.4.4　用非图表元素补充设计

创建了基本图表后，可以利用一些非图表元素进行补充设计，最常见的就是使用图形或图片来布局并排版图表，以提升视觉效果，强化表达重点。

图 5-124 所示为一张设计完成的图表。

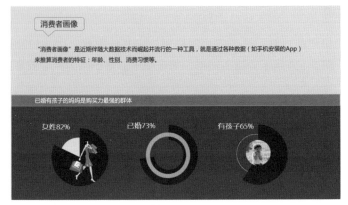

图 5-124

操作步骤

❶ 创建几个基本图表，第 1 个是饼图、第 2 个是圆环图、第 3 个也是
饼图，如图 5-125 所示。

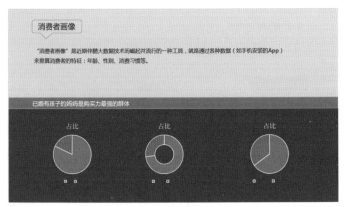

图 5-125

❷ 选中图表扇面，在"图表工具 - 格式"选项卡中的"形状样式"选
项组中单击"形状轮廓"下拉按钮，在打开的下拉列表中选择"无轮廓"
命令（见图 5-126），取消扇面的轮廓线。

❸ 单独选中小扇面，在"图表工具 - 格式"选项卡中的"形状样式"
选项组中单击"形状填充"按钮，在打开的下拉列表中选择"无填充"命
令（见图 5-127），取消扇面的填充。

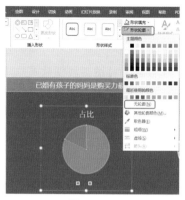

图 5-126

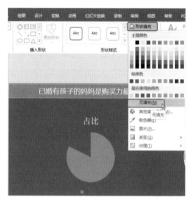

图 5-127

❹ 按照相同的方法将几个默认图表的小扇面都进行取消填充操作，然后删除图表中除扇面之外的所有元素，如图 5-128 所示。

图 5-128

❺ 绘制一个正圆形来装饰第一个图表，绘制后需要右击，选择"置于底层"→"下移一层"命令将图形放在图表的底部，如图 5-129 所示。放置好的图形如图 5-130 所示。

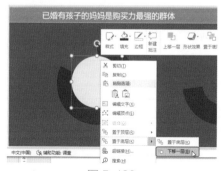

图 5-129

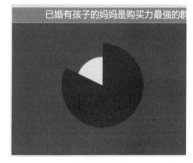

图 5-130

> **提　示**
>
> 在制作图表时，绘制图形的次序不同，每个元素都有不同的层次，那么为了达到想要的设计效果，经常需要对图形的摆放层次进行调整。例如，如果执行一次"下移一层"命令还未达到效果，可以再执行一次或多次，直到移至需要的层次。也可以在绘制图形后，选中图表，执行"置于顶层"命令。
>
> 　　因此，关于调整图形层次的操作是非常频繁的，上移还是下移，需要根据当前选中的是哪个图形来决定。

❻ 第 2 个图表使用一个空心圆形来装饰，操作比较简单，这里不再详细介绍。第 3 个图表使用一个只有轮廓的圆形和一个裁剪为圆形的图片作为装饰，如图 5-131 所示。将轮廓线图形放置在图表的下方，将图片图形放置在图表上方，效果如图 5-132 所示。

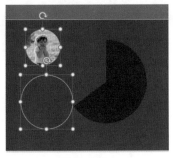　　

图 5-131　　　　　　　　　　　图 5-132

❼ 通过绘制文本框来输入所占比例的关键数据。

5.4.5　柱形和折线的组合图

扫一扫，看视频　　柱形和折线的混合图也是一种常用的图表，通常用来在同一张图表中同时显示数值与百分比值。组合图在建立的过程与其他单个图表有所区别。

图 5-133 所示为一张设计完成的图表范例。

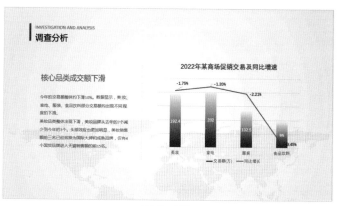

图 5-133

操作步骤

❶ 在"插入"选项卡中的"插图"选项组中单击"图表"按钮，打开
"插入图表"对话框，在左侧的列表中选择"组合图"选项卡，接着选中
"簇状柱形图 - 次坐标轴上的折线图"类型，如图 5-134 所示。

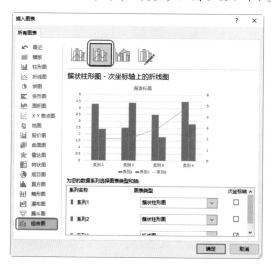

图 5-134

❷ 因为图表默认的数据源有 3 个系列，所以自动将第 3 个系列绘制为
折线图，而实际的数据源只有 2 个系列，需要将系列 2 设置为折线图，所
以在下面的列表中手动将系列 2 更改为折线图，如图 5-135 所示。

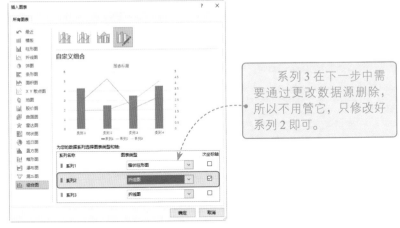

图 5-135

❸ 单击"确定"按钮，在打开的 Excel 数据表中重新编辑图表的数据源，不需要的数据排除在外或直接删除即可，如图 5-136 所示。

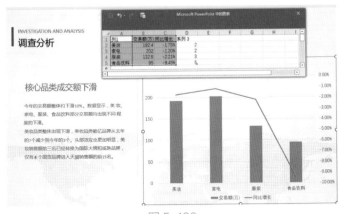

图 5-136

❹ 关闭 Excel 数据表，完成基本图表的创建。接着隐藏图表左、右两边的坐标轴，在左侧坐标轴上双击，打开"设置坐标轴格式"右侧窗格，在"标签"栏中单击"标签位置"右侧的下拉按钮，在打开的下拉列表中选择"无"（见图 5-137）即可隐藏刻度标签。按相同的方法将右侧的刻度标签也隐藏，如图 5-138 所示。

图 5-137

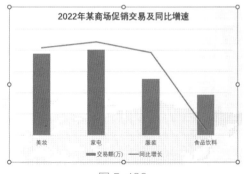

图 5-138

> **提　示**
>
> 　　5.3.1 小节中隐藏坐标轴是在"图表元素"列表中取消选中相应的复选框，但因为此图表是组合图，当取消一个坐标轴标签时，所有系列则会默认以另一个坐标轴来绘制，这时图表就不是两个系列各自拥有自己的坐标轴了，则图表就会出错，所以这种情况下需要隐藏坐标轴的刻度标签而不是隐藏坐标轴。

　　❺ 选中图表中的"交易额（万）"系列，单击右上角的"图表元素"按钮，在展开的列表中选择"数据标签"→"居中"命令，如图 5-139 所示。

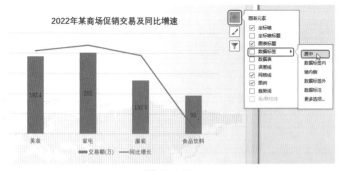

图 5-139

　　❻ 选中图表中的"同比增长"系列，单击右上角的"图表元素"按钮，在展开的列表中选择"数据标签"→"右"命令，如图 5-140 所示。

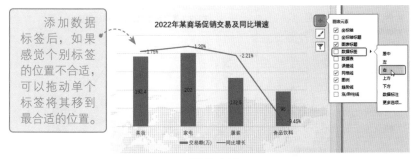

图 5-140

　　完成上述操作后，图表已基本完成，接着可以对数据标签的文字格式进行重新设置让其更加醒目；也可以为柱子设置渐变填充的效果。这些操作在前面都已讲解过，此处不再赘述。

在 PPT 中使用音视频和动画

渲染可烘托气氛，
突出重点，
增强演示的感染力，
是应用音视频及动画的主要目的。

6.1　需要使用音频的情况

音频在 PPT 中的使用频率不算太高，但根据 PPT 的应用情境，有时也能发挥其独有的作用，如在特定的场合渲染气氛、在语言教学活动中开展听说对比训练等。

6.1.1　渲染烘托气氛

扫一扫，看视频　　　对于演讲型 PPT，在开场前或讲解中添加背景音频进行气氛的烘托是非常合适的。或者有些场合的 PPT 是自动浏览式的，此时如果不搭配背景音乐，显然不是最好的选择。

这种情况下使用音频需要音频文件自始至终循环地播放，从而贯穿整个 PPT 的放映过程。

【操作步骤】

❶ 选中目标幻灯片，在"插入"选项卡中的"媒体"选项组中单击"音频"下拉按钮，在打开的下拉列表中选择"PC 上的音频"命令（见图 6-1），打开"插入音频"对话框，找到音频文件存放位置，如图 6-2 所示。

图 6-1

图 6-2

❷ 单击"插入"按钮即可在幻灯片中插入音频，如图 6-3 所示。

图 6-3

如果是浏览型的 PPT，制定贯穿始终的背景音乐效果则非常必要。不仅如此，普通型 PPT 在讲解过程中也可以插入舒缓的音乐作为背景音乐。

操作步骤

❶ 在 PPT 的首张幻灯片中插入音频，选中插入音频后显示的"小喇叭"图标，将其移动到幻灯片中的合适位置，在"音频工具—播放"选项卡中的"音频样式"选项组中单击"在后台播放"按钮，如图 6-4 所示。

图 6-4

另外，插入的音频开头或结尾的高潮阶段有时影响整体播放效果，可以将其设置为淡入 / 淡出的播放效果，这种设置比较符合人们缓进缓出的听觉习惯。

❷ 选中插入音频后显示的"小喇叭"图标，在"音频工具—播放"选项卡中的"编辑"选项组中，在"淡化持续时间"栏中的"渐强"和"渐弱"设置框中输入淡入 / 淡出时间或者通过大小调节按钮选择时间（默认都是 0），如图 6-5 所示。

图 6-5

> 提　示
>
> 关于这种音频的选择，有两个注意要点：一是音乐类型要与主题相匹配，如果是浏览型 PPT，也可以使用歌曲；二是如果是演示型 PPT，一般建议有旋律就可以了，如使用钢琴曲。

扫一扫，看视频

6.1.2　PPT 中需要真实的录音

除了在 PPT 中插入音乐外，还可以在 PPT 中使用录制的声音，如领导致辞、祝福语等都可以采取录制的办法实现。

操作步骤

❶ 选中幻灯片，在"插入"选项卡中的"媒体"选项组中单击"音频"下拉按钮，在打开的下拉列表中选择"录制音频"命令，打开"录制声音"对话框。在"名称"文本框中为录音命名，如图 6-6 所示。

❷ 单击"录制"按钮后，即可使用麦克风进行录制，录制完成后单击"停止"按钮，如图 6-7 所示。

图 6-6　　　　　　　　　　　　　图 6-7

❸ 单击"确定"按钮即可插入录制的音频，如图 6-8 所示。

图 6-8

插入音频后，默认是根据插入的顺序进行播放，这个顺序是指什么呢？就是当前 PPT 中为所有元素添加动画时都会根据添加时的操作顺序形成一个默认的播放顺序，如果要调整默认的播放顺序，则需要打开"动画窗格"右侧窗格进行操作。

例如，要在文字"公司介绍篇"出现后再播放音频，可以打开"动画窗格"右侧窗格，将音频的动作调整到"公司介绍篇"文字的后面，如图 6-9 所示。同时还可以在"音频工具—播放"选项卡中"音频选项"选项组中选中"放映时隐藏"复选框（见图 6-10），将小喇叭图标隐藏。

图 6-9　　　　　　　　　　　　　图 6-10

扫一扫，看视频

6.2　为 PPT 添加视频

除了可以为 PPT 添加音频外，还可以为其添加视频。当然视频也应该根据情况使用，如用一段视频来更好地分析说明问题，这时就比只用文字的表达更加有说服力。

操作步骤

❶ 打开要插入视频文件的幻灯片，在"插入"选项卡中的"媒体"选项组中单击"视频"打开的下拉按钮，在打开的下拉列表中选择"此设备"命令（见图 6-11），打开"插入视频文件"对话框，找到视频所在路径并选中该视频，如图 6-12 所示。

图 6-11

图 6-12

❷ 单击"插入"按钮，即可将选中的视频插入幻灯片中，如图 6-13 所示。

图 6-13

❸ 拖动视频窗口到合适位置，窗口的大小也可以按照排版需要进行调整。选中视频时下面会出现播放控制条，单击"播放"按钮即可开始播放视频，如图 6-14 所示。

默认插入的视频就是一个长方形样式的播放窗口，而在这里使用了一个计算机屏幕的图形来模拟播放的窗口，这是一种设计思路。

图 6-14

在幻灯片中插入视频后，默认显示视频第 1 帧处的图像。在本例中第 1 帧是黑屏状态，所以显示的是一个黑色画面，如果想挑选视频中比较好看的或是有代表性的画面作为封面来显示，也可以实现。

操作步骤

❶ 播放视频，进入要显示的画面时，立即单击"暂停"按钮将画面定格。

❷ 在"视频工具 - 格式"选项卡中的"调整"选项组中单击"海报框架"下拉按钮，在打开的下拉列表中选择"当前帧"命令，如图 6-15 所示。

图 6-15

❸ 执行上述操作后，可以看到视频在不播放时始终显示该封面，如图 6-16 所示。

图 6-16

6.3   动画在 PPT 中的作用及设计原则

PowerPoint 提供了许多预定义的动画效果。很明显，相较于一些静态的呈现，动画有着更出色的表现力。但是动画的应用是有原则的，下面将讲解一些应该掌握的动画设计的方法，让读者能够正确合理地应用动画。

6.3.1　通过动画引导观众思路

扫一扫，看视频

　　动画具有引导观众思路的作用，让动画配合讲演逐步出现，有助于帮助观众厘清思路并引导视线。所以动画的出现的顺序要合理，任何动作与前后动作、周围动作都是有关联的，一般都遵循从上到下逐条按顺序出现的原则。如果是具有逻辑关系的对象，要注意根据逻辑关系出现，而不是随意切换对象，动画匹配不了讲演，显然是不合理的。

　　在图 6-17 所示的幻灯片中，如果让饼图逐步从大到小来显示动画，比较能让观众跟随讲演进度听讲。

图 6-17

操作步骤

　　❶ 选中饼图，在"动画"选项卡中的"动画"选项组中单击 ▾ 按钮，在打开的下拉列表中选择"进入"→"轮子"动画样式（见图 6-18），即可为图表添加该动画效果。

　　❷ 执行上述操作后，图表是作为一个对象来旋转的，而在此希望每个扇面逐个旋转，因此此时单击"效果选项"下拉按钮，在打开的下拉列表中选择"按类别"命令（见图 6-19），此时在图表上可以看到原来只有一个动画序号，现在变成了多个动画序号，如图 6-20 所示。

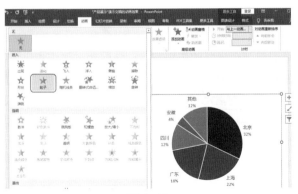

图 6-18

在选择一个动画后，一般都会出现"效果选项"按钮。在该按钮的下拉列表中可以对选用的动画进行更细致的设置。

图 6-19

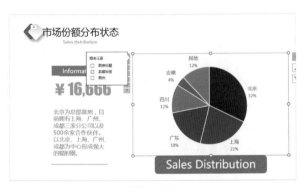

图 6-20

❸ 进行动画预览，即可实现单个扇面逐个进行轮子动画的效果，如图 6-21 和图 6-22 所示。

图 6-21

图 6-22

说到饼图的轮子动画，它符合圆形各个扇面转动出现的物理特征。所以在设置动画时可以模仿物理世界的动画效果，如可以用切换中的"页面卷曲"动画样式来模拟沿书中线翻页的状态；用切换中的"剥离"动画样式来模拟从右下角向左上角翻页的状态（见图 6-23）；用"折断"动画样式（见图 6-24）来表达破碎的情况等。

所以为元素设定动画效果时，尽量符合动画背景所模拟的动作，而不要反其道而行之，故意应用一些无关的，甚至过于夸张的动画效果。

图 6-23

图 6-24

6.3.2　使用动画突出重点内容

　　在 PPT 中有需要重点强调的内容时，动画就可以发挥很大的作用。使用动画可以吸引观众的注意力，达到强调的效果。

　　其实，PPT 动画的初衷在于强调用片头动画集中观众的视线，从而更加高效地开场；在关键处用夸张的动画引起观众的重视，加深印象。

　　例如，在图 6-27 所示的幻灯片中，对"全景及 3D、VR 展示中心"这个关键词，同时应用了三种动画加以突出和强调，图 6-25 和图 6-26 所示为放映中的部分效果展示。

图 6-25

图 6-26

　　下面将讲解为一个对象添加多种动画的操作方法，因为有很多读者反映自己总是只能添加一种动画效果？这是因为当添加了新动画后，前面添加的动画就被会替换。那么正确的操作应该是怎样的呢？

操作步骤

　　❶ 选中对象，在"动画"选项卡中的"动画"选项组中单击"弹跳"按钮，如图 6-27 所示。

　　❷ 保持选中状态，在"高级动画"选项组中单击"添加动画"下拉按钮，然后在打开的下拉列表中选择要使用的动画，如图 6-28 所示。如果还想叠加使用动画，再按相同的方法添加。

图 6-27

第 2 种动画需要在这里添加，不能到"动画"选项组中去选择，那样操作是更改原动画而不是添加动画。

图 6-28

提 示

对一行文字中的部分文字应用特殊的动画进行强调时，一定要把它拆分为单独的文本框，为什么要这么做呢？因为如果不拆分，一个文本框将会当作一个对象，则会对全部内容执行相同的动画效果，这样就达到不突出重点的目的了。

6.3.3　动画设计应遵循的原则

设计动画应当遵循的原则，也是一般设计者经常忽略的原则。

1. 数量不宜过多

前面已经了解了动画的应用方法及其功能，那么有些设计者就会认为动画越多越好，越"炫酷"越好，甚至为每个元素都去设置动画，其实这不是正确的做法。

因为如果大量应用动画，那么无形中会延长整个讲演的时间，造成时间不可控的后果；另外，还会分散观众的注意力，并且达不到强调并突出重点内容的目的。所以在应用动画时要合理安排，考量哪些是需要设置动画的元素，哪些是不需要设置动画的元素。

2. 保持一致性

如果是为同一张幻灯片中的同类元素添加动画效果，最好能够添加同一种动画效果，这样做的好处是不混乱、不突兀，整体自然协调。

例如，在图 6-29 所示的幻灯片中，要呈现 3 个条目，显然不能是每个条目的动作各不相干，可以让几个标题应用相同的动画效果，几个文本也应用相同的动画效果。

图 6-29

3. 不宜过于复杂

现在一些教程会教人们做很"炫酷"很复杂的动画，这些效果运行起来确实很"炫酷"，但对于大多数工作型 PPT 而言却并不实用，主要原因是，要实现这些"炫酷"动画，需要付出大量的时间，并且在操作技术上也要有一定要求，而大部分设计者在制作工作型 PPT 时，可能很难抽出大量的时间去研究与尝试制作"炫酷"动画。

6.4　自定义动画的技能

6.4.1　统一设置幻灯片的切换动画

扫一扫，看视频

在放映幻灯片时，当前一张放映完毕并放映下一张时，可以设置不同的切换方式。如果要整篇 PPT 使用统一的切换动画，则可以按操作进行。

操作步骤

❶ 在幻灯片缩略图窗格中选中全部幻灯片，单击"切换"选项卡，此时可以看到有多种切换动画可供选择，如图 6-30 所示。

如果要单张使用不同的切换动画，或某几张使用一种切换动画，则需要单独选中，单独设置。

图 6-30

❷ 选择要使用的切换动画，单击即可应用，此处选择"分割"动画。

在添加了切换动画后，还需要对几个参数进行设置，分别是动画的方向、动画的速度、动画是否配音。

添加动画后，可以看到右侧有一个"效果选项"下拉按钮，单击该下拉按钮可根据当前选择的动画类型显示相应的选项。例如，此处可以选择采用怎样的分割方式，如图 6-31 所示。

默认的切换动画速度一般比较快，因此也可以在后面的"持续时间"设置框中设置时间值来控制切换动画的播放速度（见图 6-32）；同时还可以设置切换时是否发出声音，如图 6-33 所示。

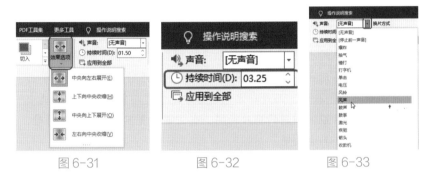

图 6-31　　　　　图 6-32　　　　　图 6-33

幻灯片在进行切换时，通常有两种方法，一种是单击，另一种是设置时间让幻灯片自动切换。这种自动切换的方式适用于浏览型 PPT 的自动播放。

操作步骤

❶ 设置好幻灯片的切换效果后，首先在"切换"选项卡的"计时"选项组中选中"设置自动换片时间"复选框，然后在其设置框里输入自动换片时间，如图 6-34 所示。

图 6-34

> **提 示**
>
> 　　也可以取消选中"单击鼠标时"复选框，如果选中表示默认自动换片，自动换片等待时间未到时也可以手动单击换片，如果不选中"单击鼠标时"复选框则遵循所设定的时间自动换片，而无法手动单击换片。

　　❷ 设置完成后，单击"应用到全部"按钮，即可让所有幻灯片都采用相同的自动换片时间。

> **提 示**
>
> 　　如果不是所有幻灯片都应用相同的自动换片时间（如前 10 张使用相同的换片时间，后 10 张又使用另一种换片时间），则不能单击"应用到全部"按钮。而是在左侧窗格中选中并单独设置，或者选中某几张幻灯片应用相同的换片时间，当需要设置不同的换片时间时，则再次选中并再次设置。

扫一扫，看视频

6.4.2　设置动画播放速度

　　当为对象添加动画时，都会有默认的播放速度，但在实际放映时，默认的播放速度不一定满足要求，因此可以自定义设置动画的播放速度。

操作步骤

　　❶ 单击"动画"选项卡，此时可以看到幻灯片中所有添加了动画的元素旁边都显示一个序号，选中序号就表示选中了该动画，此时在"计时"选项组中可以看到"持续时间"设置框，里面显示的时间为默认持续时间，如图 6-35 所示。

　　❷ 通过单击右侧的调节钮可进行任意调节（见图 6-36），增大这个值就可以让动画的播放速度减慢。

图 6-35

图 6-36

6.4.3　控制动画的开始时间

扫一扫，看视频

在添加多动画时，默认情况下从一个动画进入下一个动画要单击，它们的序号都是从 1 开始向后依次排序的，如图 6-37 所示。如果有些动画需要自动播放，则可以重新设置其开始时间，并且也可以让其在延迟多少时间后自动播放。

操作步骤

❶ 在"动画"选项卡中的"高级动画"选项组中单击"图画窗格"按钮，打开"动画窗格"右侧窗格。

❷ 在"动画窗格"列表中选中需要调整的对象，如此处选中序号 3，单击右侧的下拉按钮，选择"从上一项之后开始"命令，如图 6-37 所示。

❸ 执行上述命令后，可以看到动画的序号已与前一个动画的序号相同（见图 6-38），表示在上一个动画结束后立即自动进入该动画。

图 6-37

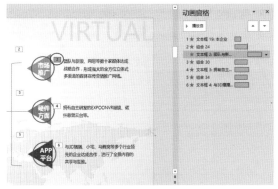

图 6-38

❹ 按相同的方法依次对各个对象的开始时间进行设置，此处让每个小标题后的文字都在标题出现后自动出现，而不需要单击，所以都进行了"从上一项之后开始"的更改，可以在图 6-39 所示的幻灯片中看到动画序号已发生改变（与前一个动画的序号相同）。

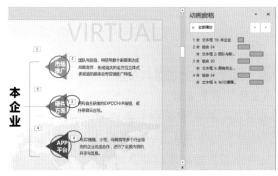

图 6-39

另外，当设置对象的开始时间为"从上一项之后开始"时，默认它会紧接着上一个对象播放，如果需要延迟一会儿再播放，则选中对象，在"计时"选项组中的"延迟"设置框中进行设置，如图 6-40 所示。

图 6-40

6.4.4　调整动画的播放顺序

在放映幻灯片时，默认情况下动画的播放顺序是按照添加动画的先后顺序进行的。在完成所有动画的添加后，如果在预览时发现播放顺序不满意，可以进行调整，而不必重新设置。

扫一扫，看视频

如图 6-41 所示，从动画窗格中可以看到两幅图片的动画是后面添加的，因此显示在最后面，现在需要对它们进行调节。

图 6-41

操作步骤

❶ 在"动画"选项卡中的"高级动画"选项组中单击"图画窗格"按钮，打开"动画窗格"右侧窗格。

❷ 在"动画窗格"右侧窗格中选中动画"图片 3"，按住鼠标左键不放向上拖动（见图 6-42），拖到目标位置时释放鼠标（该动画需要在"智能电子相册"文本框的前面），如图 6-43 所示。

图 6-42

图 6-43

❸ 选中动画"图片 29"，按相同的方法调整它的位置，如图 6-44 所示。

图 6-44

接下来介绍如何让一个对象始终处于运动状态，如此处要让右侧图片中用于标记点的小图片当出现时就一直处于旋转的运动状态，直到该幻灯片结束。

操作步骤

❶ 为小图片添加"旋转"动画。在"动画窗格"右侧窗格中选中动画并单击右侧的下拉按钮，选择"从上一项开始"命令（见图 6-45），表示它与动画的"图片 29"同时开始运动。

❷ 在下拉列表中选择"效果选项"命令，打开"旋转"对话框，在"计时"标签中的"重复"下拉列表中选择"直到幻灯片末尾"，如图 6-46 所示。

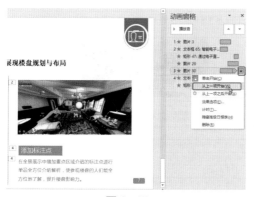

图 6-45

图 6-46

❸ 单击"确定"按钮完成设置。

6.4.5　动画刷

扫一扫，看视频

动画刷是一个既简单又实用的工具，类似于格式刷，因此可以很容易地理解，格式刷可以快速引用格式，那么动画刷可以快速引用动画。

例如，在图 6-47 所示的幻灯片中对左侧的各个对象设置了动画，为了保持一致性原则，右侧的几个对象也应使用相同的动画效果。

操作步骤

❶ 选中左侧的图片，在"动画"选项卡中的"高级动画"选项组中单击"动画刷"按钮（见图 6-47），然后将鼠标指针移至右侧图片上单击即可引用相同的动画效果，如图 6-48 所示。

在应用"动画刷"时，不但动画样式会被引用，动画的开始时间、持续时间、延迟都会一起被引用。所以在引用动画后，可以核查它的开始时间、动画的顺序是否都是合理的，如果不合理可以进行调整。

图 6-47

图 6-48

❷ 按相同的方法，右侧的小标题和文字的动画效果不再需要手动设置，都可以依次从左侧已经设置了动画的标题和文字上引用。

PPT 的多样化输出

保存、放映、输出，
是应用 PPT 的最终目的。

7.1　保存 PPT 时的细节

保存 PPT 时也需要掌握几个细节，如果保存工作没有做到位，可能会导致演示效果大打折扣。

7.1.1　检查兼容性

扫一扫，看视频

PPT 编辑完成后，兼容性检查是非常重要的步骤。为什么这么说呢？因为如果使用 PowerPoint 2019 版本来编辑与设计幻灯片，但演讲现场使用的是 PowerPoint 2013 版本，由于兼容性问题，在高版本上的一些特殊设计可能显示不出来。所以为防止这样的情况出现，在保存 PPT 时可以检查版本的兼容性。

操作步骤

❶ PPT 制作完成后，单击"文件"选项卡，在打开的菜单中单击"信息"选项卡，然后在右侧单击"检查问题"下拉按钮，在打开的下拉列表中选择"检查兼容性"命令，如图 7-1 所示。

图 7-1

❷ 执行上述操作后，弹出对话框会提示如果在旧版本中放映此 PPT 将会出现的各个问题（见图 7-2），因此可针对性地进行修改然后再次保存即可。

图 7-2

扫一扫，看视频

7.1.2　嵌入字体

字体设计是幻灯片设计中非常重要的一部分，合适的字体往往也是主题情感的体现。但有时可能会发现事先设计好的字体在现场演示时却全部改变了。例如，设计的字体是图 7-3 所示的样式，而在其他计算机上打开却是图 7-4 所示的样子。

图 7-3

图 7-4

这是因为这台计算机中并未安装所使用的字体，所以只能使用其他的字体进行替换。那么如何解决这个问题？这就需要将所使用的字体一起嵌入并保存到 PPT 中，这样就不会出错了。

操作步骤

❶ PPT 制作完成后，单击"文件"选项卡，在打开的菜单中单击"选项"（见图 7-5），打开"PowerPoint 选项"对话框，选择"保存"选项卡，在右侧选中"仅嵌入演示文稿中使用的字符（适于减小文件大小）"单选按钮，如图 7-6 所示。

图 7-5

图 7-6

❷ 单击"确定"按钮完成设置，进行该设置后，以后编辑 PPT 并保存时都会嵌入所使用的字体。

7.1.3　保护 PPT

扫一扫，看视频

如果想要保护编辑完成的 PPT 作品不被修改，需要对 PPT 采取保护措施，如添加打开密码、以只读方式打开、标记为最终状态等。

操作步骤

❶ PPT 制作完成后，单击"文件"选项卡，在打开的菜单中单击"信息"选项卡，然后在右侧单击"保护演示文稿"下拉按钮，在打开的下拉列表中选择"用密码进行加密"命令，如图 7-7 所示。

❷ 打开"加密文档"对话框，输入密码，如图 7-8 所示。

图 7-7

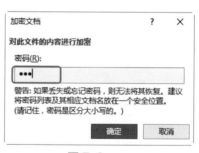

图 7-8

❸ 单击"确定"按钮后需要再次确认密码。完成密码的设置后，下次打开该 PPT 时会弹出"密码"对话框（见图 7-9），只有正确输入密码才可以打开该 PPT。

图 7-9

除了添加密码保护外，还可以将幻灯片标记为最终状态，也可以提醒使用者不要更改。

操作步骤

❶ 在"保护演示文稿"下拉列表中选择"标记为最终"命令（见图 7-10），打开 Microsoft PowerPoint 对话框，如图 7-11 所示。

图 7-10　　　　　　　　　　　图 7-11

❷ 单击"确定"按钮完成设置，此时 PPT 会收起功能区，使用者可以查看但不能编辑，如图 7-12 所示。如果要放映幻灯片，可以单击"幻灯片放映"选项卡去进行操作。

图 7-12

另外，还可以将 PPT 保存为自放映文档，可以实现打开文档时就进入放映状态，这也是一种保护方式。

操作步骤

❶ PPT 制作完成后，单击"文件"选项卡，在打开的菜单中选择"另存为"命令，然后在右侧单击"浏览"按钮，打开"另存为"对话框。

❷ 单击"保存类型"右侧的下拉按钮，在打开的下拉列表中选择"PowerPoint 97-2003 放映"命令（见图 7-13），输入"文件名"，单击"确定"按钮即可实现转换并保存。进入保存位置，双击文件时会自动进入播放状态。

图 7-13

7.2　放映 PPT 时的细节

放映 PPT 的过程中除了掌握准确演讲与放映的节奏，同时掌握一些其他的小细节也会对放映有重要的帮助。

7.2.1　放映时放大局部内容

扫一扫，看视频

在放映 PPT 时，部分文字或图片可能会因较小而无法清晰呈现，此时可以通过局部放大 PPT 中的某些区域，使内容被放大而清晰地呈现在观众面前。

操作步骤

❶ 进入 PPT 放映状态，在屏幕上右击，在弹出的快捷菜单中选择"放大"命令，如图 7-14 所示。

图 7-14

❷ 此时 PPT 编辑区中的鼠标指针变为一个放大镜图标，鼠标指针周围是一个矩形区域，其他部分则是灰色，矩形所覆盖的区域就是即将放大的区域，将鼠标移至要放大的位置后，单击即可放大该区域，如图 7-15 所示。

❸ 放大后，矩形覆盖的区域占据了整个屏幕，达到局部内容被放大的效果，如图 7-16 所示。

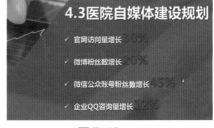

图 7-15　　　　　　　　　　图 7-16

❹ 当查看完内容后，右击即可恢复到原始状态。

扫一扫，看视频

7.2.2　开启演讲者视图

传统的 PPT 通常是把 PPT 当作 Word 用，只是将大篇幅文字放入幻灯片，不考虑管观众是否愿意看，只否记得住。PPT 的本质在于可视化，就是要把难以理解的文字信息转化为由图像、图表、动画等构成的生动场景。

对演示者而言，PPT 中的文字是提词器，是演示者讲演过程中的大纲，那么对于细节内容或注意点等信息则可以写入备注。这些备注信息可以帮助演讲者更好地表述 PPT 内容。

操作步骤

❶ 将本张 PPT 的备注文字写入备注框，如图 7-17 所示。

有时没有显示出此备注框，可以在"视图"选项卡中的"显示"选项组中单击"备注"按钮进行启用。

图 7-17

❷ 当计算机与投影仪相连后，按 Win+P 组合键将投影方式设置为"扩展"，如图 7-18 所示。

图 7-18

❸ 进入放映状态时，执行"显示演示者视图"命令（见图 7-19），这时则可以在窗口右侧查看备注信息，同时还能预览下一张 PPT，如图 7-20 所示。

图 7-19

图 7-20

扫一扫，看视频

7.2.3　建立辅助放映的超链接

　　为使幻灯片在放映时能更加自由并有条理地切换，可以在幻灯片中添加一些超链接，从而方便幻灯片间的交互。通常建立的超链接有目录页向转场页的切换功能，或者在任意幻灯片中快速回到目录页的切换功能。

　　下面学习建立超链接实现从目录页向各个转场页的切换。

　　操作步骤

　　❶ 选中第 2 张幻灯片中的第 1 条目录，在"插入"选项卡中的"链接"选项组中单击"链接"按钮（见图 7-21），打开"插入超链接"对话框，在"链接到"列表中选中"本文档中的位置"，在"请选择文档中的

位置"列中选中第一个节标题幻灯片（见图 7-22），单击"确定"按钮完成第一条目录的超链接的建立。

图 7-21

❷ 选中第 2 张幻灯片中的第 2 条目录，按相同的方法打开"插入超链接"对话框，并设置与第 2 个节标题幻灯片相链接，如图 7-23 所示。

图 7-22

图 7-23

❸ 完成所有超链接后，在播放幻灯片时，在目录页中单击相应的目录即可跳转到相应的节标题幻灯片。

如果要为所有幻灯片统一设置返回目录的超链接动作，则需要进入母版中去操作。

操作步骤

❶ 进入母版视图，在左侧选中主母版。

❷ 在主母版的右侧设计一个"回目录"的样式，可以配合图形与文字设计，如图 7-24 所示。

图 7-24

❸ 选中"回目录"文本框，打开"插入超链接"对话框，在"链接到"列表中选择"本文档中的位置"，在"请选择文档中的位置"列表中选中目录幻灯片，如图 7-25 所示。

完成超链接的设置后，在放映幻灯片时，无论在哪一张幻灯片中（见图 7-26），只要单击链接"回目录"即可回到目录幻灯片。

　　　　　图 7-25　　　　　　　　　　　　　　　图 7-26

7.3　PPT 的多样化输出

制作完成的 PPT 的输出方式也可以是多样化的，如转换为 PDF、转换为视频文件、云共享等。

7.3.1　整体打包

扫一扫，看视频

许多用户都有过这样的经历，在自己的计算机中顺利放映的 PPT，当复制到其他计算机中进行播放时，原来插入的声音和视频都不能播放了，或者字体也不能正常显示了。要解决这样的问题，可以使用 PowerPoint 的打包功能，将 PPT 中用到的素材打包到一个文件夹中。打包后的文件无论在什么地方放映都可以正常显示与播放。

操作步骤

❶ 打开目标 PPT，在"文件"选项卡，在打开的菜单中单击"导出"选项卡，在右侧窗口中单击"将演示文稿打包成 CD"按钮，然后单击"打包成 CD"按钮（见图 7-27），打开"打包成 CD"对话框。

图 7-27

❷ 重新输入新名称，单击"复制到文件夹"按钮（见图 7-28），打开"复制到文件夹"对话框，在"位置"设置框中单击右侧的"浏览"按钮，设置好保存路径，如图 7-29 所示。

图 7-28

图 7-29

❸ 单击"确定"按钮，弹出对话框询问是否要在包中包含链接文件，如图 7-30 所示。

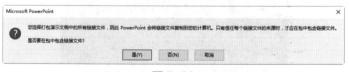

图 7-30

❹ 单击"是"按钮，即可开始进行打包。打包完成后，进入保存文件夹中，可以查看到打包的结果，打包文件中除了 PPT 外，还包含着其他一并打包的内容，如图 7-31 所示。

图 7-31

扫一扫，看视频

7.3.2 将 PPT 转换为 PDF 文件

PPT 编辑完成以后，也可以根据实际需要将其保存为 PDF 文件。PDF 文件具有以下几个优点。

（1）任何支持 PDF 文件的设备都可以打开该文件，并且排版和样式不会乱。

（2）能够嵌入字体，不会因为找不到字体而任意改变原字体。

（3）文件体积小，方便网络传输。

（4）支持矢量图形，放大缩小不影响清晰度。

基于这些优点，可以将制作好的 PPT 转换为 PDF 文件，以方便查看与传阅。

图 7-32 所示是查看 PDF 文件时的状态。

图 7-32

❶ 打开目标 PPT，单击"文件"选项卡，在打开的菜单中单击"导出"选项卡，在右侧窗口中单击"创建 PDF/XPS 文档"按钮，接着单击"创建 PDF/XPS"按钮，如图 7-33 所示。

❷ 打开"发布为 PDF 或 XPS"对话框，设置 PDF 文件的保存路径，如图 7-34 所示。

图 7-33　　　　　　　　　　图 7-34

❸ 单击"发布"按钮，系统弹出对话框提示正在发布。发布完成后，即可将 PPT 保存为 PDF 格式。

7.3.3　将 PPT 转换为视频文件

扫一扫，看视频

PPT 也可以转换为视频文件来使用，但一般用于浏览型 PPT 或者需要对演讲内容进行初步了解时。

❶ 打开目标 PPT，单击"文件"选项卡，在打开的菜单中单击"导出"选项卡，在右侧窗口中单击"创建视频"按钮，接着在右侧设定好每张幻灯片的播放时间，如图 7-35 所示。

❷ 单击"创建视频"按钮，打开"另存为"对话框，设置视频文件的路径（这时可以看到保存类型为"MPEG-4 视频"），如图 7-36 所示。

❸ 单击"保存"按钮，进入保存文件夹可以看到已经生成的视频文件，如图 7-37 所示。

这里还有一些细节选项。可以选择是否以全高清的方式输出。另外，如果为幻灯片录制了计时和旁白，可以选择使用或不使用。

图 7-35

图 7-36　　　　　　　　　　　图 7-37

扫一扫，看视频

7.3.4　PPT 云共享

　　Office 文件可以保存到自己的 OneDrive 或组织的网站中。在这些位置可以访问和共享 PPT 文档和其他 Office 文件。当联机时就可以访问云。因此要实现 PPT 云共享，首先需要将 PPT 文档保存到云。

　　使用 OneDrive 必须拥有 OneDrive 账户。拥有 OneDrive 账户后，就可以将 PPT 保存到云。如果当前还没有 OneDrive 账户，则需要先注册。

操作步骤

　　❶ 打开目标 PPT，单击"文件"选项卡，在打开的菜单中单击"共

享"标签,在右侧的窗口中单击"与人共享"按钮,接着单击"保存到云"按钮(见图 7-38),跳转到"另存为"界面,在"另存为"右侧窗格单击"One Dirve- 个人"按钮(见图 7-39),打开"另存为"对话框。

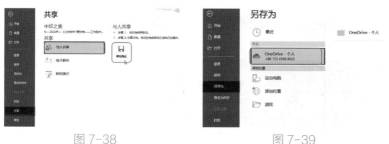

图 7-38　　　　　　　　　　　　图 7-39

❷ 在"文件名"文本框中输入共享文件名称(默认为当前 PPT 的名称),选择"文档"文件夹,如图 7-40 所示。

❸ 单击"打开"按钮,接着单击"保存"按钮,即可将 PPT 上传到 OneDrive 中的 Microsoft 账户中,登录到云账号即可查看所保存的文件。

图 7-40

将 PPT 上传到云中后,可以选择不同的共享方式,如邀请他人共享或是直接创建共享链接让他人通过单击共享链接来共享。

1. 邀请他人共享

单击"文件"选项卡,在打开的菜单中单击"共享"选项卡,在"共享"区域单击"与人共享"按钮,在最右侧窗格单击"与人共享"按钮(见图 7-41),打开"共享"右侧窗格,在"邀请人员"设置框中输入要邀请人员的账户名称,在下面设置被邀请

图 7-41

人员的权限（分为"可查看"与"可编辑"两种），如图 7-42 所示。单击"共享"按钮，可以看到刚被邀请的人员对此 PPT 的共享状态，如图 7-43 所示。

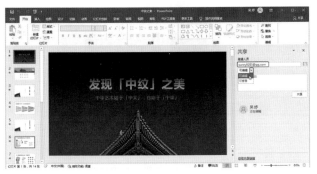

图 7-42

图 7-43

2.获取共享链接

在"共享"右侧窗格中，还可以单击底部的"获取共享链接"链接（见图 7-44），然后有两种链接可以选择：一是"编辑链接"，二是"仅供查看的链接"（见图 7-45），单击相应按钮后即可获取链接地址（见图 7-46）。单击"复制"按钮，复制链接地址发送给他人即可共享文档。

图 7-44　　　　　图 7-45　　　　　图 7-46